混凝土结构设计原理
学习指导与习题详解

李 哲 编

黄河水利出版社
·郑州·

内 容 提 要

《混凝土结构设计原理学习指导与习题详解》是根据国家颁布的《混凝土结构设计规范》、《建筑结构荷载规范》和赵顺波等主编的由同济大学出版社出版的《混凝土结构设计原理》教材编写的，每章包括本章要点、习题及参考解答。

本书根据《混凝土结构设计原理》每章的思考题和习题，进行了详细的解答。另外，又新增了一些考查基本概念和应用能力的习题，并对其进行详细解答，以帮助读者进一步加深对《混凝土结构设计原理》基本原理的理解和提高读者的应用能力。

本书既可作为高等院校土建类、工程管理类及建筑学类等专业学生的辅助教材，也可作为上述专业的成人教育、函授教育、网络教育及广大土建类科研人员、技术人员的参考用书。

图书在版编目(CIP)数据

混凝土结构设计原理学习指导与习题详解/李哲编.
郑州：黄河水利出版社，2009.9
ISBN 978-7-80734-616-6

Ⅰ.混… Ⅱ.李… Ⅲ.混凝土结构-结构设计-高等学校-教学参考资料 Ⅳ.TU370.4

中国版本图书馆 CIP 数据核字(2009)第 151873 号

策划组稿：李洪良　电话：0371-66024331　E-mail：hongliang 0013@163.com

出 版 社：黄河水利出版社
地址：河南省郑州市顺河路黄委会综合楼 14 层　邮政编码：450003
发行单位：黄河水利出版社
发行部电话：0371-66026940、66020550、66028024、66022620(传真)
E-mail：hhslcbs@126.com
承印单位：黄河水利委员会印刷厂
开本：787 mm×1 092 mm　1/16
印张：9.25
字数：220 千字　　印数：1—1 500
版次：2009 年 9 月第 1 版　　印次：2009 年 9 月第 1 次印刷

定价：19.00 元

前 言

混凝土结构设计原理是一门实践性很强且与规范结合紧密的课程，编者为了使学生进一步加深理解基本概念，更好地掌握设计原理和设计方法，提高学生分析问题与解决问题的能力，特编此书。

学生由力学学习转到混凝土结构的课程学习，普遍感到“内容杂、公式多、概念多、规范条文多”，部分学生不知如何去学，概念搞不清楚、公式理解不透，也弄不清楚公式的适用条件，认为构件计算种类太多，对构件的设计步骤和设计方法掌握不好。针对这些问题，本书根据教学大纲的要求，以及各类考试和实际运用的需要，按本课程要求掌握的要点、习题及参考答案的形式编写而成，以便于帮助读者学习，达到提高学习效果的目的。

为了满足土木工程专业的教学需要，以及配合《混凝土结构设计原理》教材（赵顺波等主编由同济大学出版社出版）的使用，本书各章与教材的内容编排相对应，并且按《混凝土结构设计规范》编写。

本书由西安理工大学李哲副教授编写，硕士研究生李永辉、李刚和王佳对本书中的一些习题进行了计算。全书由孙静教授主审。

由于编者水平有限，再加上时间仓促，书中难免存在缺点和不足，敬请读者批评指正，以便及时改进。

编 者

2009 年 6 月

目　录

第一章 绪论

本章要点

本章要求学生在了解混凝土结构一般概念的基础上,深刻理解与掌握钢筋和混凝土共同工作的条件,充分认识钢筋与混凝土的优缺点及钢筋混凝土结构的类型,了解钢筋混凝土结构在土木工程中的应用及发展前景,做好学习本课程的准备。

一、填空题

1-1.1 混凝土结构是__________、__________和__________的总称。

1-1.2 钢筋和混凝土的物理、力学性能不同,它们能够结合在一起共同工作的主要原因是________________和________________。

1-1.1 【答】素混凝土结构、钢筋混凝土结构、预应力混凝土结构

1-1.2 【答】二者之间存在良好的黏结力、两种材料的温度线膨胀系数接近

二、简答题

1-2.1 什么是混凝土结构?

【答】混凝土结构是以混凝土为主要材料制成的结构,包括素混凝土结构、钢筋混凝土结构和预应力混凝土结构等。

1-2.2 钢筋混凝土结构有哪些主要优点?有哪些主要缺点?如何克服这些缺点?

【答】钢筋混凝土结构主要优点包括:①整体性好;②耐久性好;③耐火性好;④可模性好;⑤合理用材;⑥易于就地取材。

主要缺点包括:①自重大;②抗裂性差;③施工比较复杂,工序多;④新老混凝土不易形成整体。

采用轻质混凝土、高强混凝土和预应力混凝土可减小结构自身重力并提高其抗裂性;采用树脂涂层钢筋可防止因混凝土开裂而导致的钢筋锈蚀;采用可重复使用的钢模板可降低工程造价;采用预制装配式结构可改善混凝土结构的制作条件,少受或不受气候条件影响,并能提高工程质量及加快施工进度等。

1-2.3 学习混凝土结构设计原理课程时应注意哪些特点?

【答】①本课程是研究钢筋混凝土具体材料的力学性能的一门课程;②要注意钢筋和混凝土两种材料的力学性能及两种材料间的相互作用;③配筋及其构造知识和构造规定具有重要地位;④学会运用设计规范至关重要;⑤学习本课程的目的是能够进行混凝土结构的设计。

第二章　混凝土结构的材料

本章要点

钢筋与混凝土材料的物理和力学性能是混凝土结构的计算理论和计算公式建立的基础。本章主要介绍混凝土在各种受力状态下的强度与变形性能，建筑工程中所用钢筋的品种、级别及其性能，钢筋与混凝土的黏结机理、钢筋的锚固与连接构造。

要求学生熟悉不同类型钢筋的应力—应变曲线及其区别；钢筋的强度、变形、弹性模量，钢筋的品种和级别；钢筋的冷加工方法及冷加工钢筋的性能；掌握钢筋混凝土结构对钢筋、混凝土性能的要求及钢筋、混凝土的选择原则。熟悉混凝土的强度等级，影响混凝土强度和变形的因素，混凝土的各类强度指标，混凝土的变形模量及混凝土的徐变和收缩现象及其对结构的影响。了解钢筋与混凝土的黏结机理，熟悉钢筋的锚固与连接构造。

一、填空题

2-1.1　钢筋的变形性能用______和________两个基本指标表示。

2-1.2　根据《混凝土结构设计规范》(GB 50010—2002)(以下简称《结构规范》)，钢筋混凝土和预应力混凝土结构中的非预应力钢筋宜选用____________和____________钢筋，预应力混凝土结构中的预应力钢筋宜选用______________________________和____。

2-1.3　混凝土的峰值压应变随混凝土强度等级的提高而____________，极限压应变随混凝土强度等级的提高而____________。

2-1.4　钢筋在混凝土中应有足够的锚固长度，钢筋的强度愈____________、直径愈____________、混凝土的强度愈____________，则需要的钢筋锚固长度就愈长。

2-1.5　钢筋混凝土构件的混凝土强度等级为 C30，使用 HRB335 级钢筋，直径为 20 mm，此钢筋的最小锚固长度是____________mm。

2-1.6　钢筋的绑扎连接是通过____实现传力的，钢筋的机械连接是通过________________________实现传力的，钢筋的焊接是通过__________________实现传力的。

2-1.7　计算钢筋混凝土结构时，对有明显流幅的钢筋，取其________作为设计强度的依据。

2-1.8　计算钢筋混凝土结构时，对无明显流幅的钢筋取其____作为设计强度的依据。

2-1.9　钢筋的强度和变形能力可通过拉伸试验得到的____________曲线来说明。

2-1.10　从软钢的应力—应变曲线可以看出，它经历了弹性阶段、________________、________________和破坏阶段。

2-1.11　钢筋除需有足够的强度外,还应有一定的________能力。

2-1.12　徐变是指____。

2-1.13　混凝土在三向压力作用下,不仅可提高其________________,而且可提高其________________。

2-1.14　钢筋与混凝土之间的黏结力主要由________________、________________和________________三部分组成。

2-1.15　国际上为确定混凝土抗压强度所采用的混凝土试件有________和________两种。

2-1.16　《结构规范》规定的混凝土强度等级有 C15、C20、______、______、______、______、______、______、______、______、______、C70 ______、______等______个等级。

2-1.17　《结构规范》规定的标准试验方法是______润滑剂的。

2-1.1　【答】伸长率、冷弯性能

2-1.2　【答】HRB400 级、HRB335 级,预应力钢绞线及钢丝、热处理钢筋

2-1.3　【答】变化不大、降低

2-1.4　【答】高、大、低

2-1.5　【答】587

2-1.6　【答】钢筋与混凝土之间的黏结锚固,连贯于两根钢筋外的套筒,连接两根钢筋的焊缝

2-1.7　【答】屈服强度

2-1.8　【答】残余应变为 0.2% 时的应力或称协定流限或 $\sigma_{0.2}$

2-1.9　【答】应力—应变

2-1.10　【答】屈服阶段、强化阶段

2-1.11　【答】塑性变形

2-1.12　【答】混凝土在长期荷载持续作用下,应力不变,应变随时间增长的现象

2-1.13　【答】强度,延性

2-1.14　【答】化学胶结力、摩阻力、机械咬合力

2-1.15　【答】圆柱体、立方体

2-1.16　【答】C25、C30、C35、C40、C45、C50、C55、C60、C65,C75、C80,14

2-1.17　【答】不加

二、单项选择题

2-2.1　混凝土各力学强度的基本指标是(　　)。

A. 立方体抗压强度标准值　　B. 轴心抗压强度设计值

C. 轴心抗压强度标准值　　D. 轴心抗压强度平均值

2-2.2　要求钢筋在混凝土中的锚固长度越长(　　)。

A. 钢筋强度越低　　B. 混凝土强度越高

C. 钢筋越细　　D. 钢筋直径越大

2-2.3　采用非标准试块时，换算系数为（　　）。

A. 采用边长为200 mm立方块的抗压强度取0.98

B. 采用边长为100 mm立方块的抗压强度取1.05

C. 采用边长为100 mm立方块的抗拉强度取0.90

D. 采用边长为100 mm立方块的抗压强度取0.95，若抗拉强度则取0.8

2-2.4　混凝土受压破坏（　　）。

A. 取决于骨料抗压强度　　B. 取决于砂浆抗压强度

C. 是裂缝积累并贯通造成的　　D. 是粗骨料和砂浆强度已耗尽造成的

2-2.5　混凝土双向受力时，（　　）情况下强度降低。

A. 两向受压　　B. 两向受拉　　C. 一向受拉一向受压

2-2.6　混凝土的极限压应变 ε_u 大致为（　　）。

A. $(3\sim3.5)\times10^{-3}$　　B. $(3\sim3.5)\times10^{-4}$　　C. $(1\sim1.5)\times10^{-3}$

2-2.7　混凝土强度等级越高，则 $\sigma\sim\varepsilon$ 曲线的下降段（　　）。

A. 越平缓　　B. 越陡峭　　C. 变化不大

2-2.8　对没有明显屈服点的钢筋，其条件屈服强度 $\sigma_{0.2}$ 是指（　　）。

A. 钢筋应变为0.2%时的应力　　B. 使钢筋残余应变为0.2%的卸载起点应力

C. 钢筋残余应变为0.2%，与 $\sigma\sim\varepsilon$ 曲线垂直相交点处的应力

2-2.1【答】A　　2-2.2【答】D　　2-2.3【答】B　　2-2.4【答】C　　2-2.5【答】C

2-2.6【答】A　　2-2.7【答】B　　2-2.8【答】B

三、简答题

2-3.1　混凝土结构中使用的钢筋主要有哪些种类？根据钢筋的力学性能，钢筋可以分为哪两种类型？其屈服强度如何取值？

【答】混凝土结构中使用的钢筋主要有热轧钢筋、热处理钢筋和钢丝、钢绞线等。根据钢筋的力学性能，钢筋可分为有明显流幅和无明显流幅两类。一般以屈服点对应的应力作为有明显流幅钢筋的屈服强度，以具有0.2%残余应变对应的卸载应力值（$\sigma_{0.2}$）或称协定流限（一般取极限抗拉强度的85%）作为无明显流幅钢筋的屈服强度。

2-3.2　有明显屈服点钢筋和没有明显屈服点钢筋的应力—应变曲线有什么不同？

【答】有明显屈服点钢筋的应力—应变曲线有明显屈服点和屈服台阶，无明显屈服点钢筋的应力—应变曲线没有明显屈服点和屈服台阶。

2-3.3　钢筋的冷加工方法有哪几种？冷拉和冷拔后的力学性能有何变化？《结构规范》是否主张继续推广应用冷加工钢筋，为什么？

【答】钢筋的冷加工有冷拉、冷拔、冷轧和冷轧扭等方法。冷拉钢筋能提高钢筋的抗拉屈服强度，但不能提高抗压屈服强度；冷拔钢筋可同时提高抗拉强度和抗压强度。冷加工在提高钢筋强度的同时，使钢筋的变形性能显著降低，并且冷加工钢筋在焊接热影响区的强度降低，热稳定性较差，目前已不再是结构设计中鼓励采用的钢筋，使用时应符合专门规定。

2-3.4　什么是钢筋的应力松弛？

【答】钢筋的应力松弛指受拉钢筋在长度保持不变的情况下，钢筋应力随时间增长而降低的情况。

2-3.5　钢筋混凝土结构对钢筋的性能有哪些要求？

【答】钢筋混凝土结构对钢筋的性能要求有：①强度高；②变形性能好；③可焊性好；④与混凝土有良好的黏结性能。

2-3.6　混凝土的强度等级是如何确定的？我国《结构规范》规定的混凝土强度等级有哪些？

【答】混凝土强度等级根据标准试件（边长为150 mm的立方体）在标准条件（温度为(20±3)℃，相对湿度为90%以上）下养护28 d，用标准试验方法（加载速度：C30以下控制为0.3～0.5 (N/mm^2)/s，C30以上控制为0.5～0.8 (N/mm^2)/s，两端不涂润滑剂）测得的具有95%保证率的抗压强度确定。我国《结构规范》根据混凝土立方体抗压强度标准值把混凝土强度划分为14个强度等级，分别为C15、C20、C25、C30、C35、C40、C45、C50、C55、C60、C65、C70、C75和C80，其中C表示混凝土，C后面的数字表示立方体强度标准值。

2-3.7　混凝土的立方体抗压强度平均值$f_{cu,m}$、轴心抗压强度平均值$f_{c,m}$和轴心抗拉强度平均值$f_{t,m}$是如何确定的？为什么$f_{c,m}$低于$f_{cu,m}$？$f_{c,m}$与$f_{cu,m}$有何关系？$f_{t,m}$与$f_{cu,m}$有何关系？

【答】我国规范采用边长为150 mm的标准立方体试件在标准条件下养护28 d后，在压力机上以标准试验方法测得的破坏时平均压应力作为混凝土的立方体抗压强度平均值$f_{cu,m}$；采用150 mm×150 mm×300 mm的棱柱体作为标准试件在标准条件下养护28 d后，在压力机上以标准试验方法测得的破坏时的平均压应力作为混凝土的轴心抗压强度平均值$f_{c,m}$；采用100 mm×100 mm×500 mm的棱柱体，在其两端设有埋入长度为150 mm、直径为16 mm的带肋钢筋，试验机夹紧试件两端伸出的钢筋，并施加拉力使试件受拉，受拉破坏时在试件中部产生横向裂缝，破坏截面上的平均拉应力即为混凝土的轴心抗拉强度平均值$f_{t,m}$。因压力试验机垫板对立方体的约束作用大于对棱柱体的约束作用，故立方体抗压强度大于轴心抗压强度。$f_{c,m}=\alpha_{c1}f_{cu,m}$，$f_{t,m}=0.395f_{cu,m}^{0.55}$。

2-3.8　混凝土受压破坏的机理是什么？根据破坏机理，提高混凝土强度可采用什么方法？

【答】混凝土受压破坏的机理是横向扩张拉伸所产生的裂缝非稳定发展引起的。对横向拉伸变形加以限制，在一定程度上可提高混凝土的抗压强度。

2-3.9　混凝土的单轴抗压强度与哪些因素有关？混凝土轴心受拉应力—应变曲线有何特点？

【答】混凝土的单轴抗压强度与材料组成、制作方法、养护环境、试件的形状和尺寸以及试验方法等因素有关。如图2-1所示，混凝土轴心受压应力—应变曲线包括上升段和下降段，以C点为分界点，其中A点为比例极限点，B点为临界点，C点为峰点，D点为拐点，E点为收敛点，F点为曲线末梢。OA段接近直线，混凝土的变形为弹性变形，原始裂缝影响很小；AB段为微曲线段，应变的增长稍比应力快，混凝土处于裂缝稳定扩展阶段，

B 点应力是确定混凝土长期荷载作用下抗压强度的依据；BC 段应变的增长明显比应力快，混凝土处于裂缝增长快速不稳定发展阶段，C 点即为混凝土极限抗压强度，对应的应变为峰值应变；CD 段应力快速下降，应变仍在增长，混凝土裂缝迅速发展且贯通，出现主裂缝，内部结构破坏严重；DE 段应力下降变快，应变增长较快，混凝土内部结构处于磨合和调整阶段，主裂缝宽度进一步增大，最后只依靠骨料间咬合力和摩擦力承受荷载；EF 段为收敛段，此时试件中主裂缝宽度快速增大而完全破坏混凝土内部结构。

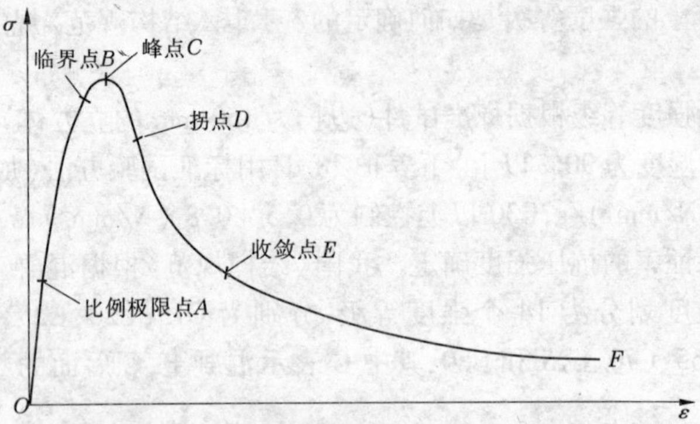

图 2-1　混凝土棱柱体受压的应力—应变曲线

2-3.10　混凝土的变形模量和弹性模量是怎样确定的？各有什么用途？

【答】混凝土的变形模量有弹性模量、割线模量和切线模量三种表示方法。如图 2-2 所示，在混凝土轴心受压的应力—应变曲线上，过原点作该曲线的切线，其斜率即为混凝土的弹性模量；在混凝土的应力—应变曲线上任选一点与原点连线，其割线斜率即为混凝土的割线模量；在混凝土的应力—应变曲线上任取一点，并作该点的切线，其斜率即为混凝土的切线模量。混凝土的变形模量应用在计算混凝土结构的内力、构件截面的内力和变形以及预应力混凝土构件截面应力分析之中。当混凝土材料在线弹性范围内工作时，

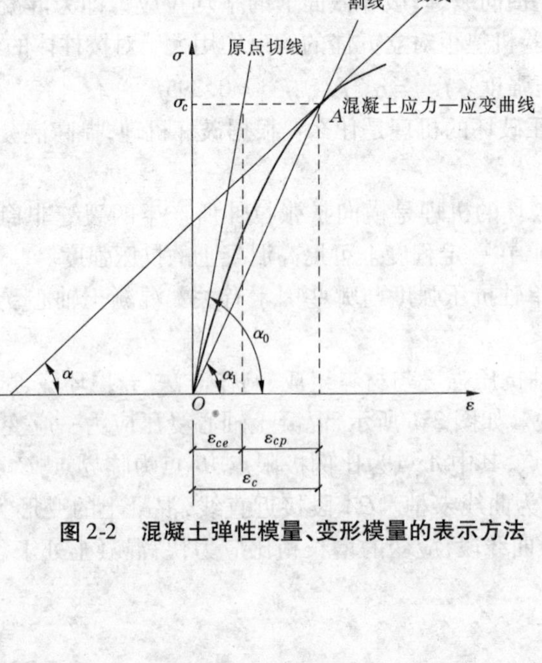

图 2-2　混凝土弹性模量、变形模量的表示方法

一般用弹性模量表示应力与应变之间的关系。

2-3.11　混凝土受拉应力—应变曲线有何特点？极限拉应变是多少？

【答】混凝土受拉应力—应变曲线也有明显的上升段和下降段两部分，其形状与受压时的应力—应变曲线相似。极限拉应变通常在$(0.5\sim2.7)\times10^{-4}$变动，计算时一般取$1.0\times10^{-4}$。

2-3.12　什么是混凝土的徐变？徐变的规律是什么？徐变对钢筋混凝土构件有何影响？影响徐变的主要因素有哪些？如何减少徐变？

【答】混凝土的徐变是指混凝土构件在不变荷载或应力长期作用下，其变形或应变随时间而不断增长的现象。徐变的规律主要与时间有关，通常表现为前期增长快，以后逐渐减慢，经过长时间后基本趋于稳定。徐变引起混凝土结构变形增大，导致预应力混凝土发生预应力损失，严重时还会引起结构破坏；徐变的发生对结构内力重分布有利，可减小各种外界因素对超静定结构的不利影响，降低附加应力。影响徐变的主要因素有混凝土的组成、配合比、水泥品种、水泥用量、骨料的特性、骨料的含量、骨料的级配、水灰比、外加剂、掺合料、混凝土的制作方法、养护条件、加载龄期、构件工作环境、受荷后应力水平、构件截面形状和尺寸、荷载作用时间等。减少水泥用量、降低水灰比、选用弹性模量大的骨料、增加骨料含量、提高混凝土养护的温度和湿度、延长受荷龄期、加大构件的体表比、采用高强度混凝土可减少徐变。

2-3.13　什么是混凝土的收缩？收缩有什么规律？收缩与哪些因素有关？混凝土收缩对钢筋混凝土构件有什么影响？如何减少收缩？

【答】混凝土的收缩是指混凝土在空气中结硬时体积会减小。混凝土的收缩变形是随时间而增长的，早期发展较快，而后发展缓慢，直至2年以上方可完成全部收缩。影响混凝土收缩的主要因素有：水泥用量（用量越大，收缩越大）、水灰比（水灰比越大，收缩越大）、水泥强度等级（强度等级越高，收缩越大）、水泥品种（不同品种有不同的收缩量）、混凝土骨料的特性（弹性模量越大，收缩越小）、养护条件（温、湿度越高，收缩越小）、混凝土成型后的质量（质量好，密实度高，收缩小）、构件尺寸（小构件，收缩大）。当混凝土受到各种制约不能自由收缩时，将在混凝土中产生拉应力，甚至导致混凝土产生收缩裂缝，在预应力混凝土构件中，收缩会引起预应力损失，收缩也对一些钢筋混凝土超静定结构产生不利影响。减少水泥用量、降低水灰比、适当降低水泥强度等级、采用收缩小的水泥品种、选用弹性模量大的骨料、提高混凝土密实度和成型质量、提高混凝土养护的温度和湿度、适当加大构件尺寸等可减少收缩。

2-3.14　影响钢筋与混凝土黏结性能的主要因素有哪些？为保证钢筋与混凝土之间有足够的黏结力要采取哪些主要措施？

【答】影响钢筋与混凝土黏结性能的主要因素有钢筋的表面形状、混凝土强度及其组成部分、浇筑位置、保护层厚度、钢筋净间距、横向钢筋约束和横向压力作用等。为保证钢筋与混凝土之间有足够的黏结力可采用旋扭状钢筋和螺旋肋钢筋、提高混凝土强度、降低浇筑高度、减小坍落度和水灰比及水泥用量、适当加大保护层厚度、保持一定的钢筋净间距、在锚固区域内配置螺旋箍筋或普通箍筋。

2-3.15　在哪些情况下可以对钢筋的基本锚固长度进行修正？

【答】当带肋钢筋的直径大于25 mm时，锚固长度应乘以修正系数1.1；当钢筋表面有涂层时，带肋钢筋的锚固长度应乘以修正系数1.25；当带肋钢筋在锚固区的混凝土保护层厚度大于钢筋直径的3倍且配有箍筋时，其锚固长度可乘以修正系数0.8；当钢筋在混凝土施工过程中易受扰动时，其锚固长度应乘以修正系数1.1；当受力钢筋实际配筋面积大于其设计计算值时，其锚固长度可乘以设计面积与实际面积的比值，但修正后的锚固长度不小于$0.7l_a$（l_a为受拉钢筋的锚固长度）；当钢筋的锚固长度有限，靠自身的锚固性能无法满足其承载力要求时，可在受力钢筋的末端采取机械锚固措施，对于HRB335级、HRB400级和RRB400级钢筋，其锚固长度应取$0.7l_a$；当计算中充分利用纵向钢筋受压时，其锚固长度可取为受拉锚固长度的0.7倍。

2-3.16　钢筋的连接应遵循哪些基本设计原则？

【答】钢筋连接应遵循的基本设计原则有：接头应尽量设置在受力较小处，以降低接头对钢筋传力的影响程度；在同一钢筋上宜少设连接接头，以避免过多地削弱钢筋的传力性能；同一构件相邻纵向受力钢筋的绑扎搭接接头宜相互错开，限制同一连接区段内接头钢筋面积率，以避免变形、裂缝集中于接头区域而影响传力效果；在钢筋连接区域应采取必要的构造措施，如适当增加混凝土保护层厚度或调整钢筋间距，保证连接区域的配箍，以确保对被连接钢筋的约束，避免连接区域的混凝土纵向劈裂。

2-3.17　何谓搭接连接区？如何求搭接连接区的长度？在搭接连接区内钢筋的接头面积百分率应满足什么条件？

【答】搭接连接区为钢筋绑扎搭接长度1.3倍的区段；纵向受拉钢筋绑扎搭接接头的搭接长度应根据位于同一连接区段内的钢筋搭接接头面积百分率，按照$l_l=\zeta l_a$计算。l_l指纵向受拉钢筋的搭接长度，l_a指纵向受拉钢筋的锚固长度，ζ指纵向受拉钢筋搭接长度修正系数，取值见表2-1。在任何情况下，纵向受拉钢筋绑扎搭接接头的搭接长度均不应小于300 mm，构件中的纵向受压钢筋，当采用搭接连接时，其受压搭接不应小于$0.7l_l$，且不小于200 mm。位于同一连接区段内的受拉钢筋搭接接头面积百分率：对于梁、板和墙类构件，不宜大于25%；对于柱类构件，不宜大于50%。

表2-1　纵向受拉钢筋搭接长度修正系数ζ

纵向受拉钢筋搭接接头面积百分率(%)	≤25	50	100
ζ	1.2	1.4	1.6

第三章　混凝土结构设计计算原则

本章要点

本章结合《结构规范》,介绍了结构极限状态的基本概念、近似概率的极限状态设计法及其极限状态实用设计表达式。要求学生掌握工程结构极限状态的基本概念,包括结构的作用、对结构的功能要求、设计基准期、两类极限状态及按承载能力极限状态和正常使用极限状态进行混凝土结构设计计算的方法等;了解结构可靠度的基本原理;熟悉近似概率极限状态设计法在混凝土结构设计中的应用。

一、填空题

3-1.1　结构的功能要求包括________、________和________。

3-1.2　结构可靠度是结构在________内,在__________下,完成预定______的概率。

3-1.3　结构可靠度是对结构可靠性的______度量。

3-1.4　结构转变为机动体系表明其超过了___________极限状态。

3-1.5　按随时间的变异分类,结构上的作用划分为________、________和________。

3-1.6　影响结构设计目标可靠指标的因素为________________________________和________________________。

3-1.7　材料分项系数反映了材料强度离散程度对结构构件__________的影响。

3-1.8　结构重要性系数的大小取决于__________和______________。

3-1.9　一类环境中,设计使用年限为100年的结构混凝土最低混凝土强度等级:钢筋混凝土结构为________,预应力混凝土结构为________。

3-1.10　我国规定的设计基准期为____________年。

3-1.11　我国"统一标准"将极限状态分为两类,即①____________、②____________,①与②相比,出现概率大的为______________。

3-1.12　一般情况下,可变荷载分项系数 $\gamma_Q=$________________。

3-1.13　一般情况下,不变荷载分项系数 $\gamma_G=$________________。

3-1.14　材料强度设计值表达形式为 $f_c=$________,$f_y=$________。

3-1.15　材料强度标准值 f_k 与其均值 μ_f 间的关系为 $f_k=\mu_f-1.645\sigma$,此时保证率为________。

3-1.1　【答】安全性、适用性、耐久性

3-1.2　【答】规定的时间、规定的条件、功能

3-1.3　【答】概率

3-1.4　【答】承载能力

3-1.5 【答】永久作用、可变作用、偶然作用

3-1.6 【答】基本变量的概率分布类型、基本变量的平均值和标准差

3-1.7 【答】承载能力

3-1.8 【答】安全等级、设计使用年限

3-1.9 【答】C30,C40

3-1.10 【答】50

3-1.11 【答】承载能力极限状态、正常使用极限状态,正常使用极限状态

3-1.12 【答】1.4

3-1.13 【答】1.2

3-1.14 【答】f_{ck}/γ_c、f_{yk}/γ_s

3-1.15 【答】95%

二、选择题

3-2.1 结构或构件承载能力极限状态设计时,在安全级别相同的情况下,延性破坏与脆性破坏的目标可靠指标的关系为(　　)。

A. 二者相等

B. 延性破坏时的目标可靠指标大于脆性破坏时的目标可靠指标

C. 延性破坏时的目标可靠指标小于脆性破坏时的目标可靠指标

3-2.2 结构的设计使用年限与结构使用寿命的关系为(　　)。

A. 二者等同

B. 结构的设计使用年限大于结构使用寿命

C. 结构的设计使用年限小于结构使用寿命

3-2.3 结构的安全等级越高,其失效概率就(　　)。

A. 越大　　B. 越小　　C. 二者无关

3-2.4 我国现行规范是以(　　)概率为基础的。

A. 全概率　　B. 半概率　　C. 近似概率

3-2.5 结构在规定时间内,在规定条件下完成预定功能的概率称为(　　)。

A. 安全度　　B. 可靠度　　C. 可靠性

3-2.1【答】C　3-2.2【答】C　3-2.3【答】B　3-2.4【答】C　3-2.5【答】B

三、简答题

3-3.1 什么是极限状态? 结构的极限状态有哪几类?

【答】极限状态指整个结构或结构的一部分超过某一特定状态就不能满足设计规定要求,此特定状态称为该功能的极限状态。结构的极限状态可分为承载能力极限状态和正常使用极限状态两类。

3-3.2 什么是结构的设计状况? 结构的设计状况包括哪几种? 各需进行何种极限状态设计?

【答】结构的设计状况指代表一定时段的一组物理条件,设计时应做到结构在该时段内不超越有关的极限状态。它包括持久状况、短暂状况和偶然状况。对三种设计状况均应进行承载力极限状态设计,对持久状况,还应进行正常使用极限状态设计;对短暂状况,可根据需要进行正常使用极限状态设计;短暂状况和偶然状况只进行承载力极限状态设计。

3-3.3　什么是结构的设计使用年限?它与结构使用寿命有何不同?

【答】结构的设计使用年限为设计规定的结构或结构构件不需进行大修即可按其预定目的使用的时期,它是房屋建筑的地基基础工程和主体结构工程“合理使用年限”的具体化。通常设计使用年限应该小于使用寿命,而不应该大于使用寿命。

3-3.4　“作用”与“荷载”有何区别?“荷载效应”与“荷载作用产生的内力”有何区别?

【答】“作用”指施加在结构或构件上的集中力和分布力(直接作用,也称为荷载,如恒荷载、活荷载、风荷载和雪荷载等),以及引起结构外加变形或约束变形的原因(间接作用,如地震、基础不均匀沉降、温度变化、混凝土收缩、焊接变形等);“荷载”指施加在结构或构件上的集中力或分布力(如恒荷载、活荷载、风荷载和雪荷载等)。“荷载效应”指因荷载作用在结构构件上,而在结构内产生的内力和变形(如轴力、剪力、弯矩、扭矩以及挠度、转角和裂缝等);“荷载作用产生的内力”指整个结构或结构构件由于荷载作用产生的内力(如荷载产生的轴力、剪力、弯矩、扭矩等)。

3-3.5　若以结构荷载效应 S 和结构抗力 R 作为两个基本随机变量,如何表达其极限状态方程式?

【答】当 $Z=0$ 时,即 $R=S$,结构处于极限状态。$Z=g(R,S)=R-S=0$,称为极限状态方程。

3-3.6　若荷载效应 S 和结构抗力 R 均服从正态分布,写出其平均值和标准差与可靠指标的关系式。

【答】结构抗力 R 的平均值为 μ_R,标准差为 σ_R;荷载效应的平均值为 μ_S,标准差为 σ_S。结构的可靠指标表达式为 $\beta=\dfrac{\mu_Z}{\sigma_Z}=\dfrac{\mu_R-\mu_S}{\sqrt{\sigma_R^2+\sigma_S^2}}$。

3-3.7　试述结构可靠概率、失效概率、可靠指标之间的关系。

【答】结构可靠概率为 p_s,失效概率为 p_f,可靠指标为 β,其中 $p_s+p_f=1.0$;失效概率与可靠指标有一一对应关系 $p_f=\Phi(-\beta)$,具体见表 3-1。

表 3-1　β 与 p_f 的对应关系

β	p_f	β	p_f
1.0	1.59×10^{-1}	3.2	6.40×10^{-4}
1.5	6.68×10^{-2}	3.5	2.33×10^{-4}
2.0	2.28×10^{-2}	3.7	1.10×10^{-4}
2.5	6.21×10^{-3}	4.0	3.17×10^{-5}
2.7	3.50×10^{-3}	4.2	1.30×10^{-5}
3.0	1.35×10^{-3}		

3-3.8　什么是荷载的标准值、准永久值、组合值？试说明可变荷载的标准值与准永久值、组合值之间的关系。

【答】荷载标准值是《建筑结构荷载规范》(GB 50009—2001)(以下简称《荷载规范》)规定的荷载基本代表值，为设计基准期内最大荷载统计分布的特征值(如均值、众值、中值或某个分位值)。可变荷载准永久值是指可变荷载在设计基准期内，其超越的总时间约为设计基准一半时间的荷载值，为可变荷载标准值乘以荷载准永久值系数 ψ_q。可变荷载组合值是指对可变荷载，使组合后的荷载效应在设计基准期内的超越概率，能与该荷载单独出现时的相应概率趋于一致的荷载值，或使组合后的结构具有统一规定的可靠度指标的荷载值，为可变荷载标准值乘以荷载组合值系数 ψ_C。

3-3.9　试说明钢筋和混凝土的标准值、平均值和设计值之间的关系。

【答】$f_k = f_m - 1.645\sigma = f_m(1 - 1.645\delta)$，其中 f_k、f_m 分别为材料强度的标准值和平均值，σ、δ 分别为材料强度的标准差和变异系数；$f_d = f_k/\gamma_d$，其中 f_d 为材料强度设计值，γ_d 为材料分项系数。

3-3.10　结构的安全等级在承载力极限状态设计表达式中是如何体现的？

【答】$\gamma_0 S \leqslant R$，其中 γ_0 为结构重要性系数：对于安全等级为一级或设计使用年限为100年及以上的结构构件，不应小于1.1；对于安全等级为二级或设计使用年限为50年的结构构件，不应小于1.0；对于安全等级为三级或设计使用年限为5年及以下的结构构件，不应小于0.9。S 为承载能力极限状态的荷载效应组合的设计值。R 为结构构件的承载力设计值。

3-3.11　结构承载能力极限状态设计需要考虑哪些组合，写出表达式？

【答】结构承载能力极限状态的荷载效应组合分为基本组合和偶然组合。对于基本组合，荷载效应组合的设计值 S 应从下列组合值中取最不利值确定：由可变荷载效应控制的组合 $S = \gamma_G S_{Gk} + \gamma_{Q1} S_{Q1k} + \sum_{i=2}^{n} \gamma_{Qi} \psi_{Ci} S_{Qik}$，由永久荷载效应控制的组合 $S = \gamma_G S_{Gk} + \sum_{i=1}^{n} \gamma_{Qi} \psi_{Ci} S_{Qik}$。对于偶然荷载组合，荷载效应组合的设计值宜按下列规定确定：偶然荷载的代表值不乘分项系数，与偶然荷载同时出现的其他荷载可根据观察资料和工程经验采用适当的代表值。

3-3.12　结构正常使用极限状态设计需要考虑哪些组合，写出表达式？

【答】结构正常使用极限状态的荷载效应组合分为标准组合、频遇组合和准永久组合。对于标准组合，荷载效应组合值 $S_k = S_{Gk} + S_{Q1k} + \sum_{i=2}^{n} \psi_{Ci} S_{Qik}$；对于频遇组合，荷载效应组合值 $S_f = S_{Gk} + \psi_{f1} S_{Q1k} + \sum_{i=2}^{n} \psi_{qi} S_{Qik}$；对于准永久组合，荷载效应组合值 $S_q = S_{Gk} + \sum_{i=1}^{n} \psi_{qi} S_{Qik}$。

3-3.13　什么是混凝土结构的耐久性？其主要影响因素有哪些？《结构规范》规定了哪些措施来提高混凝土结构的耐久性？

【答】混凝土结构的耐久性是指结构在使用环境下，对物理的、化学的以及其他使结构材料性能恶化的各种侵蚀的抵抗能力。主要影响因素有混凝土冻融破坏、碱—骨料反应、侵蚀性介质腐蚀、机械磨损、混凝土碳化、钢筋锈蚀等。耐久性设计主要采取的保证措施有划分混凝土结构的环境类别、规定混凝土保护层厚度、规定裂缝控制等级及其限值、规定混凝土的基本要求。

四、计算题

3-4.1　钢筋混凝土雨篷板的挑出长度 $l=0.8$ m，板宽为 2.4 m，板厚在其根部为 70 mm，在悬臂端面为 50 mm，如图 3-1 所示。作用在板上的荷载除防水层自重、板自重和板下抹灰自重外，在板的悬臂端的任意点处还作用有施工检修荷载 $P_k=1.2$ kN。结构安全等级为二级。试求该雨篷板在根部截面的弯矩设计值。

提示：查《荷载规范》，防水砂浆自重为 20 kN/m^3，混凝土自重为 25 kN/m^3，抹灰自重为 17 kN/m^3。

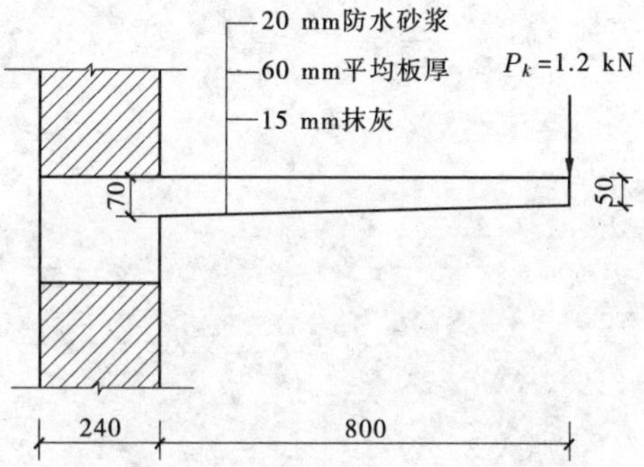

图 3-1　（单位：mm）

【解】（1）荷载效应标准值。

永久荷载引起的雨篷板在根部截面的弯矩标准值为：

$$M_{Gk}=\frac{1}{2}g_k l^2=\frac{1}{2}[(0.02\times20+0.06\times25+0.015\times17)\times2.4]\times0.8^2=1.66(\text{kN}\cdot\text{m})$$

屋面活荷载引起的雨篷板在根部截面的弯矩标准值为：

$$M_{Qk}=P_k l=1.2\times0.8=0.96(\text{kN}\cdot\text{m})$$

（2）荷载效应设计值。

按可变荷载效应控制的组合：

$$M=\gamma_G S_{Gk}+\gamma_{Q1}S_{Q1k}+\sum_{i=2}^{n}\gamma_{Qi}\psi_{Ci}S_{Qik}$$
$$=1.2\times1.66+1.4\times0.96=3.34(\text{kN}\cdot\text{m})$$

按永久荷载效应控制的组合：

$$M=\gamma_G S_{Gk}+\sum_{i=1}^{n}\gamma_{Qi}\psi_{Ci}S_{Qik}$$
$$=1.35\times1.66+1.4\times0.7\times0.96=3.18(\text{kN}\cdot\text{m})$$

由此看出按可变荷载效应控制的组合起控制作用，所以该雨篷板根部截面弯矩设计值为3.34 kN·m。

3-4.2　求习题3-4.1中，分别按标准组合和准永久组合计算雨篷板在根部截面的弯矩值M。

提示：查《荷载规范》，荷载准永久组合不考虑施工检修荷载。

【解】(1)按标准组合：

$$M = S_{Gk} + S_{Q1k} + \sum_{i=2}^{n} \psi_{Ci} S_{Qik} = 1.66 + 0.96 = 2.62(\text{kN}\cdot\text{m})$$

(2)按准永久组合：

$$M = S_{Gk} + \sum_{i=1}^{n} \psi_{qi} S_{Qik} = 1.66 + 0 \times 0.96 = 1.66(\text{kN}\cdot\text{m})$$

第四章　钢筋混凝土受弯构件正截面承载力计算

本章要点

了解适筋受弯构件在各个工作阶段的受力特点，以及配筋率对受弯构件破坏特征的影响；熟练掌握单筋矩形截面、双筋矩形截面和T形截面正截面承载力的计算方法；熟悉受弯构件正截面的构造要求。

一、填空题

4-1.1　在荷载作用下，钢筋混凝土梁正截面受力和变形的发展过程可划分为三个阶段，第一阶段末的应力图形可作为________的计算依据，第二阶段末的应力图形可作为________的依据，第三阶段末的应力图形可作为________的计算依据。

4-1.2　适筋梁的破坏始于________，它的破坏特征属于________。超筋梁的破坏始于________，它的破坏特征属于________。

4-1.3　截面的有效高度为纵向受拉钢筋________与________的距离。

4-1.4　一配置HRB335级热轧钢筋的单筋矩形截面梁，$\xi_b = 0.55$，该梁所能承受的最大弯矩等于________。若该梁承受的弯矩设计值大于上述最大弯矩，则应________或________。

4-1.5　受弯构件正截面计算假定的受压混凝土应力图形中，混凝土强度等级不大于C50时，$\varepsilon_0 =$________，$\varepsilon_u =$________。

4-1.6　混凝土强度等级不大于C50且为HPB235级钢筋时，$f_y = f'_y =$________；$\xi_b =$________，$\alpha_{s,\max} =$________。

4-1.7　受弯构件的正截面破坏形态有________、________和超筋梁破坏。

4-1.8　HRB400级钢筋，C35以下等级混凝土，受弯构件纵向受拉钢筋的最小配筋率$\rho_{\min} =$________。

4-1.9　截面设计时，可取截面有效高度：一排钢筋时，$h_0 = h -$________mm；两排钢筋时，$h_0 = h -$________mm。

4-1.10　梁下部钢筋的净距为________mm，上部钢筋的净距为________mm。

4-1.11　受弯构件$\rho \geqslant \rho_{\min}$是为了________；$\rho \leqslant \rho_{\max}$是为了________。

4-1.12　受弯构件要求$\rho_{\min} \leqslant \rho \leqslant \rho_{\max}$，单筋矩形截面梁$\rho$的计算式为________。

4-1.13　T形截面连续梁，跨中按________截面计算，而支座按________截面计算。

4-1.14　受弯构件承载力计算公式是在配筋量________的条件下推导出来的。

4-1.1 【答】钢筋混凝土构件抗裂,正常使用极限状态变形和裂缝验算,极限状态承载力

4-1.2 【答】纵向受拉钢筋的屈服,延性破坏,受压区混凝土压碎,脆性破坏

4-1.3 【答】合力作用点,受压混凝土边缘

4-1.4 【答】$0.725 f_y A_s h_0$ 或 $0.399 \alpha_1 f_c b h_0^2$,增大构件的截面尺寸、提高混凝土强度等级

4-1.5 【答】0.002、0.003 3

4-1.6 【答】210 N/mm^2、0.614、0.426

4-1.7 【答】适筋梁破坏、少筋梁破坏

4-1.8 【答】0.2%

4-1.9 【答】35~50,50~60

4-1.10 【答】25,30

4-1.11 【答】防止发生少筋破坏、防止发生超筋破坏

4-1.12 【答】$\rho = \frac{A_s}{bh}$

4-1.13 【答】T形、矩形

4-1.14 【答】适中

二、选择题

4-2.1 混凝土保护层厚度是指(　　)。

A. 箍筋的外皮至混凝土外边缘的距离

B. 受力钢筋的外皮至混凝土外边缘的距离

C. 受力钢筋截面形心至混凝土外边缘的距离

4-2.2 单筋矩形截面梁正截面承载力与纵向受力钢筋面积 A_s 的关系(　　)。

A. 纵向受力钢筋面积愈大,承载力愈大

B. 纵向受力钢筋面积愈大,承载力愈小

C. 适筋条件下,纵向受力钢筋面积愈大,承载力愈大

4-2.3 适筋梁在逐渐加载过程中,当纵向受拉钢筋达到屈服以后(　　)。

A. 该梁即达到最大承载力破坏

B. 该梁达到最大承载力,一直维持至受压区混凝土达到极限强度

C. 该梁承载力略有增大,但很快受压区混凝土达到极限压应变,承载力急剧下降而破坏

4-2.4 钢筋混凝土梁受拉区边缘开始出现裂缝是因为受拉区边缘(　　)。

A. 混凝土的应力达到混凝土的实际抗拉强度

B. 混凝土的应力达到混凝土抗拉强度标准值

C. 混凝土的应变超过受拉极限拉应变

4-2.5 少筋梁正截面受弯破坏时,破坏弯矩刚开始是(　　)。

A. 小于开裂弯矩　　B. 等于开裂弯矩　　C. 大于开裂弯矩

4-2.6　双筋矩形截面承载力计算，受压钢筋设计强度不超过 400 N/mm^2，因为(　　)。

A. 受压区混凝土强度不足

B. 受压钢筋应力取决于破坏时受压钢筋应变的大小

C. 需要保证截面具有足够的延性

4-2.7　超筋梁破坏时，钢筋应变和受压区边缘混凝土应变(　　)。

A. $\varepsilon_s < \varepsilon_y$、$\varepsilon_c = \varepsilon_{cu}$　　B. $\varepsilon_s = \varepsilon_y$、$\varepsilon_c < \varepsilon_{cu}$　　C. $\varepsilon_s > \varepsilon_y$、$\varepsilon_c \geqslant \varepsilon_{cu}$

4-2.8　少筋梁破坏时(　　)。

A. $\varepsilon_s < \varepsilon_y$、$\varepsilon_c = \varepsilon_{cu}$，裂缝及挠度过大

B. $\varepsilon_s > \varepsilon_y$、$\varepsilon_c < \varepsilon_{cu}$，裂缝及挠度过大

C. $\varepsilon_s > \varepsilon_y$、$\varepsilon_c \geqslant \varepsilon_{cu}$，即受压区混凝土压碎

4-2.9　对适筋梁，受拉钢筋刚屈服时(　　)。

A. 承载力达到极限　B. 受压区边缘混凝土应变到达 ε_{cu}　C. $\varepsilon_s = \varepsilon_y$，$\varepsilon_c < \varepsilon_{cu}$

4-2.10　受弯适筋梁，$M_y < M_u$，设 $M_u - M_y = \Delta M$，则(　　)。

A. ρ 大，$\Delta M/M_u$ 大　　B. ρ 大，$\Delta M/M_u$ 小　　C. ΔM 与 ρ 无关

4-2.11　正截面承载力计算中，不考虑受拉混凝土作用是因为(　　)。

A. 中和轴以下混凝土全部裂开　　B. 混凝土抗拉强度低

C. 中和轴附近部分受拉混凝土范围小且产生力矩很小

4-2.12　正截面承载力计算中采用等效矩形应力图形，其确定原则为(　　)。

A. 保证压应力合力的大小和作用位置不变

B. 矩形面积等于曲线面积，$x = 0.8x_c$

C. 由平截面假定确定 $x = 0.8x_c$

4-2.13　当梁中钢筋用量过少时，其破坏形态呈现出(　　)的特征。

A. 脆性破坏　　B. 塑性破坏　　C. 先脆后塑

4-2.14　正截面承载力计算中的平截面假定，其主要作用是(　　)。

A. 确定等效矩形应力图形高度 x

B. 确定受压区边缘混凝土达到极限应变时，受压区合力的作用位置

C. 确定界限破坏时，受压区高度系数 ξ_b

4-2.15　设计双筋梁时，求 A_s 和 A_s' 用钢量最少的方法是(　　)。

A. 取 $\xi = \xi_b$　　B. 取 $A_s = A_s'$　　C. 使 $x = 2a_s'$

4-2.16　单筋梁 ρ_{max} 值(　　)。

A. 是个定值　　B. 钢号高，ρ_{max} 小　　C. 混凝土等级高，ρ_{max} 小

4-2.17　当双筋梁已知 A_s' 求 A_s 时，$M_1 = f_y' A_s'(h_0 - a_s')$，$M_2 = M - M_1$，按 M_2 计算发现 $x > \xi_b h_0$，则(　　)。

A. $A_s = \xi_b \dfrac{\alpha_1 f_c}{f_y} b h_0 + \dfrac{f_y'}{f_y} A_s'$　　B. 按 A_s' 未知，令 $\xi = \xi_b$ 时求 A_s、A_s'

C. $A_s = \dfrac{M}{f_y(h_0 - a_s')}$

4-2.1【答】B　4-2.2【答】C　4-2.3【答】C　4-2.4【答】A　4-2.5【答】A
4-2.6【答】B　4-2.7【答】A　4-2.8【答】B　4-2.9【答】C　4-2.10【答】B
4-2.11【答】C　4-2.12【答】A　4-2.13【答】C　4-2.14【答】C　4-2.15【答】A
4-2.16【答】B　4-2.17【答】B

三、判断题

4-3.1　梁中受力筋排成两排或两排以上时,上下排钢筋应相互错位。(　　)

4-3.2　适筋梁在破坏时呈现出塑性破坏的特征。(　　)

4-3.3　在T形梁中,当$M \leqslant b'_f h'_f \alpha_1 f_c\left(h_0-\frac{h'_f}{2}\right)$时,属于第二种T形梁。(　　)

4-3.4　钢筋用量过多的梁在破坏时呈现出脆性破坏的特征。(　　)

4-3.5　钢筋混凝土受弯构件的应力应变过程第三阶段(破坏阶段)是计算其正截面承载能力计算时所依据的应力阶段。(　　)

4-3.6　钢筋混凝土梁的应力应变过程中第二阶段(开裂阶段)是计算构件裂缝宽度时所依据的应力阶段。(　　)

4-3.7　$x=\xi_b h_0$是受弯构件少筋与适筋的界限。(　　)

4-3.8　受压钢筋$f_y' \leqslant 400\ \mathrm{N/mm^2}$,是因为受压时容易压屈。(　　)

4-3.9　在适筋梁中提高混凝土等级时,对提高受弯承载力的作用很大。(　　)

4-3.10　界限受压高度系数ξ_b与混凝土等级无关。(　　)

4-3.1　【答】×,改错:上下排钢筋对齐

4-3.2　【答】√

4-3.3　【答】×,改错:属于第一种T形梁

4-3.4　【答】√

4-3.5　【答】√

4-3.6　【答】√

4-3.7　【答】×,改错:$x=\xi_b h_0$是受弯构件超筋与适筋的界限

4-3.8　【答】×,改错:受压钢筋$f_y' \leqslant 400\ \mathrm{N/mm^2}$,是因为受压钢筋的应力取决于破坏时受压钢筋应变的大小

4-3.9　【答】×,改错:在适筋梁中提高混凝土等级时,对提高受弯承载力有一定作用

4-3.10　【答】×,改错:界限受压高度系数ξ_b与混凝土等级有关

四、简答题

4-4.1　适筋梁从开始加载到正截面承载力破坏经历了哪几个阶段?各阶段截面上应力—应变分布、裂缝开展、中和轴位置、梁的跨中挠度的变化规律如何?各阶段的主要特征是什么?每个阶段是哪种极限状态设计的基础?

【答】适筋梁从开始加载到正截面承载力破坏经历三个阶段。

(1)弹性阶段:梁荷载很小时,梁截面内弯矩很小,因此截面上的应变也很小,且应力

沿截面高度为直线分布,即截面应变分布满足平截面假定。其截面应力与应变成正比,受拉区和受压区混凝土的应力分布图均为三角形;梁的荷载与挠度关系也接近于直线变化,说明此时梁处于弹性工作状态。这一阶段的主要特点是梁截面上的混凝土尚未出现裂缝。荷载增大时,梁截面弯矩和应变也随之增大,但其截面应变变化仍符合平截面假定。由于混凝土的抗拉强度远小于其抗压强度,故在受拉区边缘混凝土首先表现出应变较应力增长速度快的塑性特征,即受拉区混凝土应力图形变为曲线分布,而受压区仍为直线变化,这一阶段中和轴的位置较初期略有升高。由于黏结力的存在,受拉钢筋的应变与周围混凝土的拉应变相等。此阶段作为受弯构件抗裂验算的依据。

(2)带裂缝工作阶段:梁达到其开裂状态的瞬间,将在其纯弯段中抗拉能力最薄弱的某一截面处首先出现第一条垂直于梁轴线的竖向裂缝而进入带裂缝工作的第二阶段。随着荷载的不断增加,已有的裂缝宽度越来越大,同时还可能出现新的裂缝,受拉钢筋的应变和梁的挠度增长速度明显加快,中和轴不断上升,塑性性质越来越明显,但平均应变仍能符合平截面假定,当截面受拉钢筋屈服时第二阶段结束。该阶段的主要特点是:在裂缝截面处,受拉区大部分混凝土已经退出工作,拉力主要由钢筋承受;受压区混凝土已经有塑性变形,但发展尚不充分,压应力图形为曲线;弯矩与截面曲率呈曲线变化。这一阶段一般是混凝土梁的正常使用工作阶段,因此可作为梁在正常使用阶段变形和裂缝开展宽度验算的依据。

(3)破坏阶段:对于适筋梁,则在继续加载时,裂缝截面纵向受拉钢筋发生屈服后,梁即进入第三阶段工作,在这一阶段外荷载有所增加但钢筋承受的总拉力保持不变,只是受压区高度不断变小,梁中和轴位置随之上移。该阶段的主要特点是:纵向受力钢筋屈服后,拉力保持不变;裂缝截面处大部分混凝土已经退出工作;截面弯矩略有增加;受压区边缘混凝土压应变达到其极限压应变时混凝土被压碎,截面破坏。该阶段是梁的破坏阶段,是梁正截面承载能力的极限状态,此阶段可作为受弯构件正截面承载能力计算的依据。

4-4.2 适筋梁、超筋梁和少筋梁的破坏特征有何不同?

【答】(1)适筋梁破坏特征:在整个加载过程中梁经历比较明显的三个受力阶段,其主要特点是纵向受拉钢筋先屈服,受压区混凝土才压碎,梁在受拉钢筋从屈服到梁完全破坏之前有较大的塑性变形,在截面承载力没有明显变化的情况下具有较好的承载变形能力,在破坏前有明显的预兆,属于延性破坏类型。

(2)超筋梁破坏特征:在超筋梁破坏形态中,梁截面裂缝出现和开裂过程与适筋梁相似,但由于钢筋太多,受压区混凝土先压碎而纵向受拉钢筋不屈服,破坏时受拉钢筋尚处于弹性阶段,因此裂缝较小且延伸不高,破坏前没有明显预兆,属于脆性破坏类型。

(3)少筋梁破坏特征:在少筋梁破坏形态中,受拉区一旦开裂,裂缝截面的钢筋拉应力突然急剧增加至超过屈服强度而进入强化阶段,此时受拉钢筋的塑性变形已很大,裂缝开展过宽,梁将严重下垂,受压区混凝土不会压碎,但过大的变形及裂缝已经不适于继续承载,从而标志着梁的破坏,因此属于先脆后塑破坏类型。

4-4.3 什么是界限破坏?界限破坏时的界限相对受压区高度 ξ_b 与什么有关?ξ_b 与最大配筋率 ρ_{max} 有何关系?

【答】界限破坏:根据给定的混凝土极限压应变 ε_{cu} 和平截面假定可知,适筋梁和超筋梁的界限破坏是指受拉钢筋达到屈服与受压混凝土应变达到极限压应变同时发生的破坏。界限破坏相对受压区高度 ξ_b 对于不同的钢筋级别和不同的混凝土强度等级是不相同的。梁发生界限破坏时的配筋率称为最大配筋率 ρ_{max}，则相对受压高度 $\xi=\xi_b$ 时，可求出界限破坏时的特定配筋率 ρ_{max}，说明这两者是相互对应的。

4-4.4 适筋梁正截面承载力计算中，如何假定钢筋和混凝土材料的应力？

【答】适筋梁正截面承载力计算中，假定在梁破坏时，钢筋应力达到钢筋的屈服应力 f_y，受压区混凝土应力达到混凝土轴心抗压强度设计值 f_c。

4-4.5 单筋矩形截面承载力计算公式是如何建立的？为什么要规定其使用范围？公式适用条件是什么？

【答】单筋矩形截面梁的承载力计算公式的建立，首先对受压区混凝土进行了应力等效的处理，假定中和轴以上的受压混凝土应力均匀分布，根据基本假定，首先由受压区混凝土承受的压力与纵向受拉钢筋承受的拉力相等建立力的平衡方程，然后再根据力矩平衡条件建立由受压混凝土合力对受拉钢筋合力点取矩或用受拉钢筋合力对受压混凝土合力点取矩的力矩平衡方程。因为基本公式建立是以适筋梁破坏阶段的应力图形为依据的，所以公式只适用于适筋梁。为了防止发生超筋破坏，应满足 $\xi\leqslant\xi_b$ 或 $x\leqslant\xi_b h_0$ 或 $\rho\leqslant\rho_{max}$；为防止发生少筋破坏，应满足 $\rho\geqslant\rho_{min}$。

4-4.6 α_s、γ_s 和 ξ 的物理意义是什么？试说明其相互关系及变化规律？

【答】α_s 称为截面抵抗矩系数；γ_s 称为内力臂系数，代表力臂 z 与 h_0 的比值；ξ 称为截面的相对受压高度。ξ 与 α_s、γ_s 之间存在一一对应的关系，关系如下：$\alpha_s=\xi(1-\xi/2)$，$\gamma_s=1-\xi/2$。

4-4.7 钢筋混凝土梁若配筋率不同，即 $\rho<\rho_{min}$，$\rho_{min}<\rho<\rho_{max}$，$\rho=\rho_{max}$，$\rho>\rho_{max}$，试回答下列问题：

(1)它们属于何种破坏？破坏现象有何区别？

(2)哪些截面能写出极限承载力受压区高度 x 的计算公式？哪些截面不能？

(3)破坏时钢筋应力各等于多少？

(4)破坏时截面承载力 M_u 各等于多少？

【答】(1)当 $\rho<\rho_{min}$ 时，钢筋混凝土梁属于少筋梁，破坏模式为先脆性后塑性破坏，发生破坏之前没有明显的征兆，不能写出梁的极限承载力受压区高度 x 的计算公式，破坏时梁的抗弯极限承载力 M_u 应等于同样截面、同一强度等级的素混凝土的开裂弯矩 M_{cr}。

(2)当 $\rho_{min}<\rho<\rho_{max}$ 时，混凝土梁为适筋梁，破坏模式为延性破坏，结构发生破坏时有明显的塑性变形，破坏时受拉钢筋应力达到屈服强度 f_y，适筋梁极限承载力受压区高度 x 和破坏时截面的极限承载力计算公式分别为：$x=h_0-\sqrt{h_0^2-\dfrac{2M}{\alpha_1 f_c b}}$，$M_u=\alpha_1 f_c bx(h_0-x/2)$。

(3)当 $\rho=\rho_{max}$ 时，梁发生界限破坏，相对受压高度 $\xi=\xi_b$，界限破坏相对受压区高度 ξ_b 对于不同的钢筋级别和不同的混凝土强度等级是不相同的，钢筋达到屈服的同时受压区混凝土发生受压破坏。界限破坏受压区高度 x 和破坏时截面的极限承载力计算公式分别为：$x=\xi_b h_0$，$M_u=\alpha_1 f_c bh_0^2\xi_b(1-0.5\xi_b)$。

(4)当 $\rho>\rho_{max}$ 时，混凝土梁为超筋梁，此时的破坏为脆性破坏，没有明显的预兆，破坏发生时，受拉的纵向钢筋的应力小于钢筋的屈服应力，受压区混凝土达到极限抗压强度，先于钢筋的屈服而被压碎破坏。此时，相对受压高度 $\xi > \xi_b$，受压区高度 x 和破坏时截面的极限承载力计算公式分别为：$x = \xi_b h_0$，$M_u = \alpha_1 f_c b h_0^2 \xi_b (1 - 0.5\xi_b)$。

4-4.8　根据矩形截面承载力计算公式，分析提高混凝土强度等级、提高钢筋级别、加大截面宽度和高度对提高承载力的作用？哪种最有效、最经济？

【答】由矩形截面梁承载力计算公式可以得到，提高极限承载力的方法有提高混凝土强度、提高钢筋级别、增大截面的宽度和高度，通过以上方法均可提高极限承载力，但从计算公式可以看出，混凝土强度、钢筋强度、截面宽度都与承载力成正比关系，只有截面高度与承载力成二次方关系。所以，从经济性和高效性方面考虑，增大截面的高度是一种最有效、最经济的方法。

4-4.9　在构件正截面承载力计算中，对于混凝土强度等级小于 C50 的构件和混凝土强度等级大于等于 C50 的构件，其计算有什么区别？

【答】在构件正截面承载力计算过程中，对于混凝土强度等级不同的构件，其计算公式完全相同，通过界限相对受压高度 ξ_b 和混凝土受压区等效矩形应力图形系数 α_1 的不同取值来考虑混凝土等级的影响。对于强度等级小于 C50 的构件，当钢筋级别确定时 ξ_b 和 α_1 有相同的取值；当混凝土强度等级大于 C50 时，要考虑混凝土强度的影响系数 α_1，具体取值见《结构规范》。

4-4.10　复核单筋矩形截面承载力时，若 $\xi > \xi_b$，如何计算其承载力？

【答】若 $\xi > \xi_b$，梁发生超筋破坏，受压混凝土已经压碎，而受拉钢筋并没有达到屈服强度，为了计算简便采取简化方法，将界限破坏时的极限承载力作为超筋梁的承载力也是可以的，即将 $\xi = \xi_b$ 带入公式计算，得：$M_u = \alpha_1 f_c b h_0^2 \xi_b (1 - \xi_b)$ 。

4-4.11　在双筋截面构件中受压钢筋起什么作用？为何一般情况下采用双筋截面受弯构件不经济？在什么条件下可采用双筋截面梁？

【答】在双筋截面构件中受压区钢筋的主要作用是分担部分压应力，可改善构件的延性和减小截面面积。在一般情况下，如果弯矩比较小，达到破坏荷载时受压区钢筋并没有达到屈服强度，不能充分发挥其作用，造成一些不必要的浪费，当截面抵抗的弯矩值较大且截面尺寸有限制时，或受双向弯矩作用的构件可考虑使用双筋截面梁。

4-4.12　为什么在双筋矩形截面承载力计算中必须满足 $x \geqslant 2a'_s$ 的条件？当双筋矩形截面出现 $x < 2a'_s$ 时应当如何计算？

【答】对于双筋矩形截面梁纵向受拉钢筋和受压钢筋数量和相对位置的不同，梁在破坏时它们可能达到屈服，也可能未达到屈服。与单筋矩形截面梁相似，双筋矩形截面梁也应防止脆性破坏，使双筋矩形截面梁破坏从受拉钢筋屈服开始，故必须满足条件 $\xi \leqslant \xi_b$。要使梁破坏时受压钢筋也达到屈服，必须满足当受压区边缘混凝土应变达到极限压应变时，受压钢筋应变也要达到一定的应变值，由平截面假定可得，必须满足 $x \geqslant 2a'_s$。若条件不满足，则说明破坏时受压钢筋没有达到屈服强度，因而具体的应力值不知道，可近似地取 $x = 2a'_s$，假定受压混凝土合力作用点和受压钢筋合力作用点重合，并对受压钢筋的合力作用点取矩，正截面承载力可直接根据式 $M_u = f_y A_s (h_0 - a'_s)$ 确定。

4-4.13　在矩形截面弯矩设计值、截面尺寸、混凝土强度等级和钢筋级别都已知的条件下，如何判别应设计成单筋还是双筋？

【答】设计步骤：①根据环境类别和混凝土强度等级，由附表10查得混凝土保护层的最小厚度 c，从而确定 a_s，得截面有效高度 h_0。②首先按单筋截面来考虑，由式(4-22b)解二次方程式，确定 x。③验算适用条件 $x \leqslant \xi_b h_0$，若满足条件，则按单筋截面设计，否则按双筋截面设计。也可以根据 M 和单筋的极限弯矩比较，如果 $M \leqslant \alpha_{sb} f_c b h_0^2$，则按单筋设计；反之，按双筋设计。

4-4.14　设计双筋截面，A_s 及 A_s' 均未知时，x 应如何取值？当 A_s' 已知时，应当如何求 A_s？

【答】(1)按双筋截面计算 A_s 和 A_s' 时，基本公式只有两个，但未知数却有三个，即 x、A_s 和 A_s'，因此可根据经济的原则来确定这个补充条件，即应充分利用混凝土受压，从而使双筋截面中纵向受力钢筋使用总面积($A_s + A_s'$)最小。与之对应的相对受压区高度称为经济受压区高度，用符号 ξ_e 来表示。通常情况下，在实际设计中令 $f_y = f_y'$，得出：$\xi_e = 0.5(1 + a_s'/h_0) \leqslant \xi_b$，$x = \xi_e h_0$。

(2)当 A_s' 已知时，因考虑充分利用受压钢筋的强度，从而使总钢筋用量尽可能的少，这时假定受压钢筋应力达到 f_y'，则可以用两个基本公式求出剩下的两个未知量，步骤如下：

由基本公式得

$$\alpha_s = \frac{M - f_y' A_s'(h_0 - a_s')}{\alpha_1 f_c b h_0^2}$$

$$\xi = 1 - \sqrt{1 - 2\alpha_s} \quad (2\alpha_s'/h_0 \leqslant \xi \leqslant \xi_b)$$

将 ξ 值代入基本公式得

$$A_s = \frac{\alpha_1 f_c b \xi h_0 \quad + f_y' A_s'}{f_y}$$

4-4.15　T形截面梁翼缘计算宽度为什么是有限的？取值与什么有关？

【答】T形截面梁翼缘参与受压，但是试验和理论分析证明，翼缘的压应力分布不均匀，翼缘参与受压的宽度是有限的，故在设计独立的T形截面梁时应将翼缘限制在一定范围内，该范围称为翼缘的有效计算宽度 b_f'。《结构规范》规定了T形截面梁有效翼缘的取值，考虑到翼缘厚度与截面有效高度的比值、梁跨度和梁肋的净距等因素。

4-4.16　根据中和轴位置不同，T形截面的承载力计算有哪几种情况？截面设计和承载力复核时应如何鉴别？

【答】根据中和轴位置的不同，T形截面梁分为两种形式：第一类T形截面梁中和轴在翼缘内，第二类T形截面梁中和轴在梁肋中。在截面设计和承载力复核时首先要判断截面的类型，按相应的公式计算，最后验算适用条件：

对于第一类T形截面，有 $x \leqslant h_f'$，则

$$f_y A_s \leqslant \alpha_1 f_c b_f' h_f' \qquad \text{(a)}$$

$$M \leqslant \alpha_1 f_c b_f' h_f' (h_0 - h_f'/2) \qquad \text{(b)}$$

对于第二类T形截面，有 $x > h_f'$，则

$$f_y A_s > \alpha_1 f_c b_f' h_f' \qquad \text{(c)}$$

$$M > \alpha_1 f_c b_f' h_f' (h_0 - h_f'/2) \qquad \text{(d)}$$

截面设计时用式(b)和式(d)判别，承载力复核时用式(a)和式(c)判别。

4-4.17 第一类T形截面梁为什么可以按宽度为 b_f' 的矩形截面计算？如何计算其最小配筋面积？

【答】对于第一类T形截面梁，由于不考虑受拉区混凝土的作用，受力模型与矩形截面梁完全相似，因此可按梁宽为 b_f' 的矩形截面计算公式进行计算，最小配筋面积为 $\rho_{min}bh$，对于倒T形截面最小配筋面积为 $\rho_{min}[bh+(b_f-b)h_f]$。

4-4.18 T形截面承载力计算公式与单筋矩形截面及双筋矩形截面承载力计算公式有何异同？

【答】对于第一类T形截面梁，由于不考虑受拉区混凝土的作用，受力模型与矩形截面梁完全相似，因此可按梁宽为 b_f' 的矩形截面计算公式进行计算；对于第二类T形截面，中和轴在梁肋中，所以受压混凝土承载力要按T形截面计算，可将该截面分为伸出翼缘部分和矩形梁肋部分，分开来考虑。第二类T形截面与双筋矩形截面计算公式左边一样，公式右边第一项完全相同，第二项不同，T形截面第二项分别是 $\alpha_1 f_c(b_f'-b)h_f'$ 和 $\alpha_1 f_c(b_f'-b)h_f'(h_0-h_f'/2)$，双筋矩形截面第二项分别是 $A_s'f_y'$ 和 $A'_sf_y'(h_0-a_s')$。

五、计算题

4-5.1 已知钢筋混凝土矩形梁，处于一类环境，其截面尺寸 $b\times h=250\ \mathrm{mm}\times 500\ \mathrm{mm}$，承受弯矩设计值 $M=150\ \mathrm{kN\cdot m}$，采用C30混凝土和HRB355级钢筋。试配置截面钢筋。

【解】本题属于截面设计类型。

(1)设计参数。

查附表4和附表7及表4.2～表4.4可知：C30混凝土 $f_c=14.3\ \mathrm{N/mm^2}$，$f_t=1.43\ \mathrm{N/mm^2}$；HRB335级钢筋 $f_y=300\ \mathrm{N/mm^2}$；$\alpha_1=1.0$，$\xi_b=0.55$。查附表10：C30混凝土一类环境，取 $a_s=35$ mm，则 $h_0=h-a_s=500-35=465$ (mm)。查附表14，$0.2\%<45\dfrac{f_t}{f_y}\%=0.21\%$，故取 $\rho_{min}=0.21\%$。

(2)计算钢筋面积。

①利用基本公式直接计算。

由式(4-22b)可得：

$$x=h_0-\sqrt{h_0^2-\frac{2M}{\alpha_1 f_c b}}=465-\sqrt{465^2-\frac{2\times150\times10^6}{1.0\times14.3\times250}}$$

$$=101.26(\mathrm{mm})<\xi_b h_0=261.25\ \mathrm{mm}$$

由式(4-21)可得：

$$A_s=\frac{\alpha_1 f_c bx}{f_y}=\frac{1.0\times14.3\times250\times101.26}{300}=1\ 206.68(\mathrm{mm^2})>\rho_{min}bh=262.5\ \mathrm{mm^2}$$

②查表计算法：

$$\alpha_s=\frac{M}{\alpha_1 f_c bh_0^2}=\frac{150\times10^6}{1\times14.3\times250\times465^2}=0.194$$

$$\xi = 1 - \sqrt{1 - 2\alpha_s} = 1 - \sqrt{1 - 2 \times 0.194} = 0.218$$

$$x = \xi h_0 = 0.218 \times 465 \approx 101.37(\text{mm}) < \xi_b h_0 = 261.25 \text{ mm}$$

$$A_s = \frac{\alpha_1 f_c b \xi h_0}{f_y} = \frac{1.0 \times 14.3 \times 250 \times 101.37}{300} = 1\ 207.99(\text{mm}^2) > \rho_{\min} bh = 262.5 \text{ mm}^2$$

符合适用条件,查附表16,实际选用4 Φ 20($A_s = 1\ 257 \text{ mm}^2$)。

4-5.2　已知钢筋混凝土矩形梁,处于一类环境,承受弯矩设计值 $M = 160 \text{ kN} \cdot \text{m}$,采用C40混凝土和HRB355级钢筋,试按正截面承载力要求确定截面尺寸及纵向钢筋截面面积。

【解】本题属于截面设计类型。

查附表4和附表7及表4.2~表4.4可知:C40混凝土 $f_c = 19.1 \text{ N/mm}^2$,$f_t = 1.71 \text{ N/mm}^2$;HRB335级钢筋 $f_y = 300 \text{ N/mm}^2$;$\alpha_1 = 1.0$,$\xi_b = 0.55$。查附表10:C40混凝土一类环境,取 $a_s = 35$ mm。查附表14:$\rho_{\min} = 0.2\% > 45\frac{f_t}{f_y}\% = 45 \times \frac{1.71}{300}\% = 0.257\%$,取 $\rho_{\min} = 0.26\%$,根据我国建筑设计经验,对于单筋矩形截面梁,经济配筋率为0.6%~1.5%。于是假定取 $\rho = 1.0\%$,$b = 250$ mm,由式(4-23)可得:

$$\xi = \rho \frac{f_y}{\alpha_1 f_c} = 1.0\% \times \frac{300}{1.0 \times 19.1} = 0.157$$

由式(4-22b)可得:

$$h_0 = \sqrt{\frac{M}{\alpha_1 f_c b \xi (1 - 0.5\xi)}} = \sqrt{\frac{160 \times 10^6}{1.0 \times 19.1 \times 250 \times 0.157 \times (1 - 0.5 \times 0.157)}}$$

$$= 481.26(\text{mm})$$

$$h = h_0 + a_s = 481.26 + 35 = 516.26(\text{mm})$$

取梁截面面积为 $b \times h = 250 \text{ mm} \times 500 \text{ mm}$,则:

$$h_0 = h - a_s = 500 - 35 = 465(\text{mm})$$

$$x = h_0 - \sqrt{h_0^2 - \frac{2M}{\alpha_1 f_c b}} = 465 - \sqrt{465^2 - \frac{2 \times 160 \times 10^6}{1.0 \times 19.1 \times 250}}$$

$$= 78.72(\text{mm}) < \xi_b h_0 = 255.75 \text{ mm}$$

由式(4-21)可得:

$$A_s = \frac{\alpha_1 f_c b x}{f_y} = \frac{1.0 \times 19.1 \times 250 \times 78.72}{300} = 1\ 252.96(\text{mm}^2) > \rho_{\min} bh = 325 \text{ mm}^2$$

符合适用条件,查附表16,实际选用4 Φ 20($A_s = 1\ 257 \text{ mm}^2$)。

4-5.3　已知某单跨简支板,处于一类环境,计算跨度 $l = 2.18$ m,承受均布荷载设计值 $g + q = 6 \text{ kN/m}$(包括板自重),采用C30混凝土和HPB235级钢筋,求现浇板的厚度 h 以及所需受拉钢筋截面面积。

【解】本题属于截面设计类型。

(1)设计参数。

查附表4和附表7及表4.2~表4.4可知:C30混凝土 $f_c = 14.3 \text{ N/mm}^2$,$f_t = 1.43 \text{ N/mm}^2$;HPB235级钢筋 $f_y = 210 \text{ N/mm}^2$;$\alpha_1 = 1.0$,$\alpha_{sb} = 0.426$,$\xi_b = 0.614$。

取1 m宽板带为计算单元，$b=1\ 000$ mm，初选 $h=80$ mm（约为跨度的1/35）。

查附表10，一类环境，$c=15$ mm，则 $a_s=c+d/2=15+10/2=20$（mm），$h_0=h-a_s=80-20=60$（mm）。

查附表14，$0.2\%<45f_t/f_y\%=0.31\%$，所以取 $\rho_{\min}=0.31\%$。

（2）内力计算。

简支板的受力为跨内受均布荷载的单跨结构，由题目可知，$l_0=2\ 180$ mm，承受均布荷载的设计值为：$q+g=6.0$ kN/m，故跨中最大弯矩设计值为：

$$M=\gamma_0\frac{1}{8}(q+g)l_0^2=1.0\times\frac{1}{8}\times6.0\times2.18^2=3.564(\text{kN}\cdot\text{m})$$

（3）计算钢筋截面面积。

由式（4-22b）可得：

$$x=h_0-\sqrt{h_0^2-\frac{2M}{\alpha_1f_cb}}=60-\sqrt{60^2-\frac{2\times3.564\times10^6}{1.0\times14.3\times1\ 000}}$$

$$=4.31(\text{mm})<\xi_bh_0=36.84\ \text{mm}$$

由式（4-21）可得：

$$A_s=\frac{\alpha_1f_cbx}{f_y}=\frac{1.0\times14.3\times1\ 000\times4.31}{210}=293.49(\text{mm}^2)>\rho_{\min}bh=248\ \text{mm}^2$$

符合适用条件。

（4）选配钢筋。

查附表17，实际选用Φ 8@170（$A_s=296\ \text{mm}^2$）。

4-5.4　已知钢筋混凝土矩形梁，处于一类环境，其截面尺寸 $b\times h=250\ \text{mm}\times550$ mm，采用C20混凝土，配有HRB355级钢筋3 Φ 22（$A_s=1\ 140\ \text{mm}^2$）。试验算此梁承受弯矩设计值 $M=180$ kN·m时，是否安全？

【解】本题属于截面复核类。

（1）设计参数。

查附表4和附表7及表4.2～表4.4可知：C20混凝土 $f_c=9.6\ \text{N/mm}^2$，$f_t=1.1\ \text{N/mm}^2$；HRB335级钢筋 $f_y=300\ \text{N/mm}^2$；$\alpha_1=1.0$，$\alpha_{sb}=0.399$，$\xi_b=0.55$。查附表10，一类环境，$c=30$ mm，则 $a_s=c+d/2=30+22/2=41$（mm），$h_0=h-a_s=550-41=509$（mm）。

查附表14，因 $0.2\%>45\dfrac{f_t}{f_y}=0.17\%$，取 $\rho_{\min}=0.2\%$。

钢筋净间距 $s_n=(250-2\times25-3\times22)/2=67(\text{mm})>d$，且 $s_n>25$ mm，符合要求。

（2）公式适用条件判断。

①是否少筋：

$$A_s=1\ 140\ \text{mm}^2>\rho_{\min}bh=0.2\%\times250\times550=275(\text{mm}^2)$$

故截面不会发生少筋破坏。

②计算受压区高度，判断是否超筋。

由式（4-21）可得：

$$x=\frac{f_yA_s}{\alpha_1f_cb}=\frac{300\times1\ 140}{1.0\times9.6\times250}=142.5(\text{mm})<\xi_bh_0=0.55\times509=280(\text{mm})$$

故截面不会发生超筋破坏。

③截面承载能力验算：

$$M_u = \alpha_1 f_c bx(h_0 - \frac{x}{2}) = 1.0 \times 9.6 \times 250 \times 142.5 \times (509 - \frac{142.5}{2})$$

$$= 149.71 \times 10^6 (\text{N} \cdot \text{mm}) = 149.71 \text{ kN} \cdot \text{m} < M = 180 \text{ kN} \cdot \text{m}$$

故配筋不能满足承载力要求，截面不安全。

4-5.5　已知某矩形梁，处于一类环境，截面尺寸 $b \times h = 250 \text{ mm} \times 550 \text{ mm}$，采用 C30 混凝土和 HRB400 级钢筋，截面弯矩设计值 $M = 380 \text{ kN} \cdot \text{m}$，试配置截面钢筋。

【解】本题属于截面设计类型。

(1)设计参数。

查附表 4 和附表 7 及表 4.2 ~ 表 4.4 可知：C30 混凝土 $f_c = 14.3 \text{ N/mm}^2$，$f_t = 1.43 \text{ N/mm}^2$；HRB400 级钢筋 $f_y = f_y' = 360 \text{ N/mm}^2$；$\alpha_1 = 1.0$，$\xi_b = 0.520$，$\alpha_{sb} = 0.385$。查附表 10，C30 混凝土一类环境，$c = 25$ mm，则 $a_s = a_s' = c + d/2 = 25 + 20/2 = 35(\text{mm})$，$h_0 = h - a_s = 550 - 35 = 515(\text{mm})$。查附表 14，$0.2\% > 45 f_t / f_y \% = 0.18\%$，故取 $\rho_{\min} = 0.2\%$。

(2)计算钢筋截面面积。

由式(4-22b)可得：

$$x = h_0 - \sqrt{h_0^2 - \frac{2M}{\alpha_1 f_c b}} = 515 - \sqrt{515^2 - \frac{2 \times 380 \times 10^6}{1.0 \times 14.3 \times 250}}$$

$$= 285.57(\text{mm}) > \xi_b h_0 = 267.8 \text{ mm}$$

所以需要按双筋计算，属于双筋截面的第一种情况，假定 $\xi = \xi_b$。由式(4-41)可得：

$$A_s' = \frac{M - \alpha_{sb} \alpha_1 f_c b h_0^2}{f_y'(h_0 - a_s')} = \frac{380 \times 10^6 - 0.385 \times 1 \times 14.3 \times 250 \times 515^2}{360 \times (515 - 35)}$$

$$= 86.52(\text{mm}^2) < \rho_{\min} bh = 275 \text{ mm}^2$$

按构造要求，查附表 16 选 2 Φ 14 的钢筋（($A_s' = 308 \text{ mm}^2$)。

再由式(4-42)可得：

$$A_s = \frac{\alpha_1 f_c b \xi_b h_0 + A_s' f_y'}{f_y} = \frac{1 \times 14.3 \times 250 \times 0.520 \times 515 + 308 \times 360}{360}$$

$$\approx 2\,967.40(\text{mm}^2) > \rho'_{\min} bh = 0.2\% \times 250 \times 550 = 275 \ (\text{mm}^2)$$

符合适用条件，实际选用 6 Φ 25 的钢筋($A_s = 2\,945 \text{ mm}^2$)，因实际面积比计算面积小不超过 5%，所以可以按 3 根双排布置。

4-5.6　已知条件同题 4-5.5，但在受压区已配有 3 Φ 20 的 HRB335 级钢筋。试计算受拉钢筋的截面面积 A_s。

【解】本题属于设计类型。

(1)设计参数。

查附表 4 和附表 7 及表 4.2 ~ 表 4.4 可知：C30 混凝土 $f_c = 14.3 \text{ N/mm}^2$，$f_t = 1.43 \text{ N/mm}^2$；HRB400 级钢筋 $f_y = 360 \text{ N/mm}^2$，HRB335 级钢筋 $f_y' = 300 \text{ N/mm}^2$；$\alpha_1 = 1.0$，$\xi_b = 0.52$。查附表 10，C30 混凝土一类环境，取 $a_s = 35$ mm，$a'_s = 35$ mm，则 $h_0 = h - a_s = 550 -$

$35=515(\text{mm})$，$A_s'=942\ \text{mm}^2$。

(2)计算钢筋截面面积。

由基本公式得：

$$\alpha_s=\frac{M-f_y{}'A_s'(h_0-a_s')}{\alpha_1 f_c b h_0^2}=\frac{380\times10^6-300\times942\times(515-35)}{1.0\times14.3\times250\times515^2}=0.258$$

根据 α_s 值由下式求得 ξ：

$$\xi=1-\sqrt{1-2\alpha_s}=1-\sqrt{1-2\times0.258}=0.304<\xi_b=0.52$$

将 ξ 值代入基本公式，得：

$$A_s=\frac{\alpha_1 f_c b\xi h_0+f_y{}'A_s'}{f_y}=\frac{1.0\times14.3\times250\times0.304\times515+300\times942}{360}=2\ 339.73(\text{mm}^2)$$

查附表16，实际选用5 Φ 25($A_s=2\ 454\ \text{mm}^2$)。

4-5.7　已知矩形截面梁，处于二类a环境，截面尺寸 $b\times h=250\ \text{mm}\times500\ \text{mm}$，采用C30混凝土和HRB335级钢筋。在受压区配有3 Φ 20的钢筋，在受拉区配有3 Φ 22的钢筋，试验算此梁承受弯矩设计值 $M=120\ \text{kN}\cdot\text{m}$ 时，是否安全？

【解】本题属于截面复核类型。

(1)设计资料。

查附表4和附表7及表4.2、表4.3可知：C30混凝土 $f_c=14.3\ \text{N/mm}^2$，$f_t=1.43\ \text{N/mm}^2$；HRB335级钢筋 $f_y=f_y{}'=300\ \text{N/mm}^2$；$\alpha_1=1.0$，$\xi_b=0.55$；$A_s'=942\ \text{mm}^2$，$A_s=1\ 140\ \text{mm}^2$。查附表10，C30混凝土二类a环境，取 $a_s=40\ \text{mm}$，$a'_s=40\ \text{mm}$，则 $h_0=h-a_s=500-40=460(\text{mm})$。

(2)截面复核。

由基本公式得：

$$\xi=\frac{(A_s-A_s')f_y}{\alpha_1 f_c b h_0}=\frac{(1\ 140-942)\times300}{1.0\times14.3\times250\times460}=0.036$$

则　$$x=\xi h_0=0.036\times460=16.6(\text{mm})<2a_s=80(\text{mm})$$

说明受压钢筋有富余，在破坏时，受压钢筋达不到屈服强度，由近似计算公式可得：

$$M_u=f_yA_s(h_0-a_s')=300\times1\ 140\times(460-40)=143.64\times10^6(\text{N}\cdot\text{mm})$$
$$=143.64\ \text{kN}\cdot\text{m}>120\ \text{kN}\cdot\text{m}$$

满足承载力要求，截面安全。

4-5.8　已知T形截面梁，处于一类环境，截面尺寸 $b\times h=250\ \text{mm}\times650\ \text{mm}$，$b_f'=600\ \text{mm}$，$h_f'=120\ \text{mm}$，承受弯矩设计值 $M=430\ \text{kN}\cdot\text{m}$，采用C30混凝土和HRB400级钢筋。求该截面所需的纵向受拉钢筋。若选用混凝土强度等级为C50，其他条件不变，试求纵向受力钢筋截面面积，并将两种情况进行对比。

【解】本题属于设计类型。

(1)设计参数。

查附表4和附表7及表4.2～表4.4可知：C30混凝土 $f_c=14.3\ \text{N/mm}^2$，$f_t=1.43\ \text{N/mm}^2$，C50混凝土 $f_c=23.1\ \text{N/mm}^2$，$f_t=1.89\ \text{N/mm}^2$；HRB400级钢筋 $f_y=360\ \text{N/mm}^2$；

$\alpha_1 = 1.0$，$\xi_b = 0.52$。查附表 10，C30、C50 混凝土一类环境，$c = 25$ mm，取 $a_s = 35$ mm，则 $h_0 = h - a_s = 650 - 35 = 615(\text{mm})$。

(2)混凝土为 C30 时。

①判断截面类型：

$$\alpha_1 f_c b_f' h_f' (h_0 - \frac{h_f'}{2}) = 1.0 \times 14.3 \times 600 \times 120 \times (615 - \frac{120}{2})$$

$$= 571.43 \times 10^6 (\text{N} \cdot \text{mm}) = 571.43 \text{ kN} \cdot \text{m} > M = 430 \text{ kN} \cdot \text{m}$$

可判定截面为第一类 T 形截面，按第一类 T 形截面公式计算。

②截面配筋计算：

$$\alpha_s = \frac{M}{\alpha_1 f_c b_f' h_0^2} = \frac{430 \times 10^6}{1.0 \times 14.3 \times 600 \times 615^2} = 0.132\,5$$

$$\xi = 1 - \sqrt{1 - 2\alpha_s} = 1 - \sqrt{1 - 2 \times 0.132\,5} = 0.143 < \xi_b = 0.52$$

将 ξ 值代入基本公式，得：

$$A_s = \frac{\alpha_1 f_c b_f' \xi h_0}{f_y} = \frac{1.0 \times 14.3 \times 600 \times 0.143 \times 615}{360} = 2\,096.02(\text{mm}^2)$$

查附表 16，实际选用 6 Φ 22($A_s = 2\,281$ mm^2)，钢筋按 2 排布置，每排各 3 根。

(3)混凝土为 C50 时。

①判断截面类型：

$$\alpha_1 f_c b_f' h_f' (h_0 - \frac{h_f'}{2}) = 1.0 \times 23.1 \times 600 \times 120 \times (615 - \frac{120}{2})$$

$$= 923.08 \times 10^6 (\text{N} \cdot \text{mm}) = 923.08 \text{ kN} \cdot \text{m} > M = 430 \text{ kN} \cdot \text{m}$$

可判定截面为第一类 T 形截面，按第一类 T 形截面公式计算。

②截面配筋计算：

$$\alpha_s = \frac{M}{\alpha_1 f_c b_f' h_0^2} = \frac{430 \times 10^6}{1.0 \times 23.1 \times 600 \times 615^2} = 0.082$$

$$\xi = 1 - \sqrt{1 - 2\alpha_s} = 1 - \sqrt{1 - 2 \times 0.082} = 0.086 < \xi_b = 0.52$$

将 ξ 值代入基本公式，得：

$$A_s = \frac{\alpha_1 f_c b_f' \xi h_0}{f_y} = \frac{1.0 \times 23.1 \times 600 \times 0.086 \times 615}{360} = 2\,036.27(\text{mm}^2)$$

查附表 16，实际选用 6 Φ 22($A_s = 2\,281$ mm^2)，钢筋按 2 排布置，每排各 3 根。

通过计算对比可知，通过提高混凝土强度等级并没有达到节省钢筋用量的目的，在两种不同混凝土强度等级的条件下，所用的钢筋量相差很小，说明提高混凝土强度等级对混凝土梁承载力的提高效果并不明显，没有明显的实际经济效益。

4-5.9　已知 T 形截面梁，处于二类 a 环境，截面尺寸 $b \times h = 250$ mm $\times$ 800 mm，$b_f' =$ 600 mm，$h_f' = 100$ mm，承受弯矩设计值 $M = 500$ kN · m，采用 C30 混凝土和 HRB335 级钢筋，配有 8 Φ 20 受拉钢筋，该梁是否安全？

【解】本题属于截面复核类型。

(1)设计参数。

查附表4 和附表7 及表4.2 ~ 表4.4 可知：C30 混凝土 $f_c = 14.3\ N/mm^2$，$f_t = 1.43\ N/mm^2$；HRB335 级钢筋 $f_y = 300\ N/mm^2$；$\alpha_1 = 1.0$，$\xi_b = 0.55$。查附表10，C30 混凝土二类 a 环境，取 $a_s = c + d/2 = 30 + 20/2 = 40(mm)$，则 $h_0 = h - a_s = 800 - 40 = 760(mm)$；$A_s = 2\ 513\ mm^2$。

(2)判断截面类型。

$A_s f_y = 2\ 513 \times 300 = 753\ 900(N) < \alpha_1 f_c b_f' h_f' = 1.0 \times 14.3 \times 600 \times 100 = 858\ 000(N)$ 可判定截面为第一类 T 形截面，按第一类 T 形截面公式计算。

(3)截面承载力复核。

$$x = \frac{f_y A_s}{\alpha_1 f_c b_f} = \frac{300 \times 2\ 513}{1.0 \times 14.3 \times 600} = 87.87(mm) < \xi_b h_0 = 0.55 \times 760 = 418(mm)$$

$$M_u = \alpha_1 f_c b_f' x(h_0 - \frac{x}{2}) = 1.0 \times 14.3 \times 600 \times 87.87 \times (760 - \frac{87.87}{2})$$

$$= 539.86 \times 10^6 (N \cdot mm) = 539.86\ kN \cdot m > M = 500\ kN \cdot m$$

故承载力满足要求，截面安全。

4-5.10　已知 T 形截面吊车梁，处于二类 a 环境，截面尺寸为 $b_f' = 550\ mm$，$h_f' = 120\ mm$，$b = 250\ mm$，$h = 600\ mm$。承受弯矩设计值 $M = 490\ kN \cdot m$，采用 C25 混凝土和 HRB335 级钢筋。试配置截面钢筋。

【解】本题属于设计类型。

(1)设计参数。

查附表4 和附表7 及表4.2 ~ 表4.4 可知：C25 混凝土 $f_c = 11.9\ N/mm^2$，$f_t = 1.27\ N/mm^2$；HRB335 级钢筋 $f_y = 300\ N/mm^2$；$\alpha_1 = 1.0$，$\xi_b = 0.55$。查附表10，C25 混凝土二级 a 类环境，$c = 30\ mm$，取 $a_s = 40\ mm$，则 $h_0 = h - a_s = 600 - 40 = 560\ (mm)$。

(2)判断截面类型。

$$\alpha_1 f_c b_f' h_f' (h_0 - \frac{h_f'}{2}) = 1.0 \times 11.9 \times 550 \times 120 \times (560 - \frac{120}{2}) = 392.7 \times 10^6 (N \cdot mm)$$

$$= 392.7\ kN \cdot m < M = 490\ kN \cdot m$$

故可判定截面为第二类 T 形截面，按第二类 T 形截面公式计算。

(3)截面配筋计算。

首先按单筋梁来配筋计算，由基本公式可得：

$$\alpha_s = \frac{M - \alpha_1 f_c (b'_f - b) h'_f (h_0 - \frac{h_f'}{2})}{\alpha_1 f_c b h_0^2}$$

$$= \frac{490 \times 10^6 - 1.0 \times 11.9 \times (550 - 250) \times 120 \times (560 - \frac{120}{2})}{1.0 \times 11.9 \times 250 \times 560^2} = 0.296$$

$$\xi = 1 - \sqrt{1 - 2\alpha_s} = 1 - \sqrt{1 - 2 \times 0.296} = 0.361 < \xi_b = 0.55$$

将 ξ 值代入基本公式，得：

$$A_s = \frac{\alpha_1 f_c b \xi h_0 + \alpha_1 f_c (b_f' - b) h_f'}{f_y}$$

$$= \frac{1.0 \times 11.9 \times 250 \times 0.361 \times 560 + 1.0 \times 11.9 \times (550 - 250) \times 120}{300}$$

$$= 3\,432.75(\text{mm}^2)$$

查附表16,实际选用6 Φ 28($A_s = 3\,695\ \text{mm}^2$),钢筋按2排布置,每排各3根。

4-5.11 已知T形截面吊车梁,处于一类环境,截面尺寸为 $b_f' = 450$ mm,$h_f' = 100$ mm,$b = 250$ mm,$h = 800$ mm,采用C35混凝土和HRB400级钢筋。试计算如果受拉钢筋为6 Φ 22,截面所能承受的弯矩设计值是多少?

【解】本题属于截面复核类型。

(1)设计参数。

查附表4和附表7及表4.2~表4.4,C35混凝土 $f_c = 16.7\ \text{N/mm}^2$,$f_t = 1.57\ \text{N/mm}^2$;HRB400级钢筋 $f_y = 360\ \text{N/mm}^2$;$\alpha_1 = 1.0$,$\xi_b = 0.52$。查附表10,C35混凝土一类环境,$c = 35$ mm,取 $a_s = 35$ mm,则 $h_0 = h - a_s = 800 - 35 = 765(\text{mm})$;$A_s = 2\,281\ \text{mm}^2$。

(2)判断截面类型。

$$\alpha_1 f_c b_f' h_f' = 1.0 \times 16.7 \times 450 \times 100 = 751.5 \times 10^3(\text{N}) = 751.5\ \text{kN} < f_y A_s$$
$$= 360 \times 2\,281 = 821.16 \times 10^3(\text{N}) = 821.16\ \text{kN}$$

可判定截面为第二类T形截面,按第二类T形截面公式计算。

(3)计算截面弯矩设计值。

$$x = \frac{f_y A_s}{\alpha_1 f_c b_f'} = \frac{360 \times 2\,281}{1.0 \times 16.7 \times 450} = 109.27(\text{mm}) < \xi_b h_0 = 0.52 \times 765 = 397.8(\text{mm})$$

$$M_u = \alpha_1 f_c (b_f' - b) h_f' (h_0 - \frac{h_f'}{2}) + \alpha_1 f_c b x (h_0 - \frac{x}{2})$$

$$= 1.0 \times 16.7 \times (450 - 250) \times 100 \times (765 - \frac{100}{2}) + 1.0 \times 16.7 \times 250 \times 109.27 \times$$
$$(765 - \frac{109.27}{2}) = 562.88 \times 10^6(\text{N} \cdot \text{mm}) = 562.88\ \text{kN} \cdot \text{m}$$

故截面所能承受的弯矩设计值为562.88 kN·m。

第五章 钢筋混凝土受弯构件斜截面承载力计算

本章要点

本章介绍受弯构件斜截面承载力和构造问题。要求掌握：斜截面破坏的主要形态，影响斜截面承载力的主要因素；有腹筋梁斜截面承载力计算公式及适用条件，防止斜压和斜拉破坏的措施；受弯构件抵抗弯矩图（材料图）的作法，弯起钢筋的弯起位置和纵筋的截断位置；纵筋伸入支座的锚固要求和箍筋构造要求；伸臂梁配筋图的绘制方法。

一、填空题

5-1.1 抗剪钢筋也称做腹筋，腹筋的形式可以采用____和________。

5-1.2 无腹筋梁中典型的斜裂缝主要有____裂缝和____裂缝。

5-1.3 影响无腹筋梁斜截面受剪承载力的主要因素有______、__________和__________。

5-1.4 影响有腹筋梁斜截面受剪承载力的主要因素有______、__________、__________及________。

5-1.5 在进行斜截面受剪承载力设计时，用__________________来防止斜拉破坏，用______________________的方法来防止斜压破坏，而对主要的剪压破坏，则给出计算公式。

5-1.6 集中荷载作用的无腹筋梁，随着剪跨比 λ 的____，斜截面受剪承载力有增高的趋势；剪跨比对无腹筋梁破坏形态的影响表现在：一般 $\lambda>3$ 时常为____破坏；当 $\lambda<1$ 时，可能发生____破坏；当 $1\leqslant\lambda\leqslant3$ 时，一般是____破坏。

5-1.7 梁中弯起钢筋的弯起角度一般为________。

5-1.8 钢筋混凝土在确定切断和弯起钢筋的数量和位置时，一般是通过______________的方法解决的。

5-1.9 当梁的宽度不大于400 mm，但一层内的纵向受压钢筋多于____根时，应设置复合箍筋。

5-1.10 当梁的宽度大于400 mm，双肢箍筋最多能扎结____根排在一排的纵向受压钢筋。

5-1.11 梁沿斜截面破坏的三种形态是________、________、________。

5-1.12 斜压破坏大多发生在____大而____小的区段。

5-1.13 当剪跨比为____，且腹筋配置适中时，发生剪压破坏。

5-1.14 当剪跨比较大（$\lambda>3$ 时）或箍筋配置过少时，常发生____破坏。

5-1.15 配箍率 ρ_{sv} = ____________。

5-1.16 设计时为避免斜压破坏，必须对梁截面尺寸加以限制，当 $\frac{h_w}{b}\leqslant4$ 时，应满足

__________。

5-1.17　设计时为避免斜压破坏，必须对梁截面尺寸加以限制，当 $\frac{h_w}{b} \leqslant 6$ 时，应满足__________。

5-1.18　最小配箍率 $\rho_{sv,\min}$ =______。

5-1.19　为保证斜截面抗弯，当钢筋弯起时，弯起点必须距该钢筋的充分利用点以外大于或等于____处。

5-1.20　弯起钢筋的弯起点以外，也应有一定的锚固长度：在受拉区不应小于____，在受压区不应小于____。

5-1.21　对于光面弯起钢筋，在末端应设置____。

5-1.1　【答】箍筋、弯起钢筋

5-1.2　【答】黏结、撕裂

5-1.3　【答】剪跨比、混凝土强度、纵筋配筋率

5-1.4　【答】剪跨比、混凝土强度、纵筋配筋率、腹筋用量

5-1.5　【答】配箍率和腹筋间距要求，截面尺寸和混凝土等级要求

5-1.6　【答】减小，斜拉，斜压，剪压

5-1.7　【答】45°或 60°

5-1.8　【答】绘制抵抗弯矩图

5-1.9　【答】4

5-1.10　【答】3

5-1.11　【答】斜压破坏、剪压破坏、斜拉破坏

5-1.12　【答】剪力、弯矩

5-1.13　【答】1 ~ 3

5-1.14　【答】斜拉

5-1.15　【答】$\frac{A_{sv}}{bs} = \frac{nA_{sv1}}{bs}$

5-1.16　【答】$V \leqslant 0.25\beta_c f_c bh_0$

5-1.17　【答】$V \leqslant 0.2\beta_c f_c bh_0$

5-1.18　【答】$0.24\frac{f_t}{f_{yv}}$

5-1.19　【答】$0.5h_0$

5-1.20　【答】$20d$、$10d$

5-1.21　【答】弯钩

二、选择题

5-2.1　无腹筋梁斜截面受剪破坏形态主要有三种，对同样的构件，其斜截面承载力的关系为(　　)。

A. 斜拉破坏 > 剪压破坏 > 斜压破坏　　B. 斜拉破坏 < 剪压破坏 < 斜压破坏

C. 剪压破坏 > 斜压破坏 > 斜拉破坏　　D. 剪压破坏 = 斜压破坏 > 斜拉破坏

5-2.2　在进行受弯构件斜截面受剪承载力计算时，若所配箍筋不能满足抗剪要求（$V > V_{cs}$），采用（　　）解决办法较好。

A. 将纵向钢筋弯起为斜筋或加焊斜筋　　B. 将箍筋加密或加粗

C. 增大构件截面尺寸　　D. 提高混凝土强度等级

5-2.3　在进行受弯构件斜截面受剪承载力计算时，对一般梁（$h_w/b \leq 4.0$），若 $V > 0.25\beta_c f_c bh_0$，可采取的解决办法有（　　）。

A. 箍筋加密或加粗　　B. 增大构件截面尺寸

C. 加大纵筋配筋率　　D. 提高混凝土强度等级

5-2.4　腹筋配置适中的有腹筋梁大部分发生（　　）。

A. 剪压破坏　　B. 斜拉破坏　　C. 斜压破坏　　D. 脆性破坏

5-2.5　剪跨比小于 1 的无腹筋梁，发生剪切破坏时，其破坏形态为（　　）。

A. 脆性破坏　　B. 斜拉破坏　　C. 斜压破坏　　D. 剪压破坏

5-2.6　下列钢筋中，（　　）对限制梁的斜裂缝宽度最为有效。

A. 纵向钢筋　　B. 弯起钢筋　　C. 箍筋　　D. 架立筋

5-2.7　仅配箍筋的梁，抗剪承载力计算公式为 $V_{cs} = \alpha_1 f_t bh_0 + \alpha_2 \frac{A_{sv} f_y}{s} h_0$，在荷载形式及 ρ_{sv} 一定的情况下，提高抗剪承载力的有效措施是增大（　　）。

A. h_0　　B. f_c　　C. b

5-2.8　薄腹梁的截面限制条件较严格，因为（　　）。

A. 无法多配箍筋　　B. 斜压破坏时抗剪能力低　　C. 剪压区内腹板先压碎

5-2.9　配箍率 $\rho_{sv} = \frac{A_{sv}}{bs}$ 中 A_{sv} 的含义为（　　）。

A. 构件中箍筋截面总面积　　B. 一支箍筋截面面积

C. 构件同一截面的箍筋截面面积　　D. 跨中箍筋面积之和

5-2.10　钢筋混凝土梁中，当 $V \leq 0.7 f_t bh_0$ 时，说明（　　）。

A. 梁可能发生斜拉破坏　　B. 箍筋可按构造配筋

C. 箍筋按计算确定　　D. 截面尺寸过小

5-2.1【答】B　5-2.2【答】ABCD　5-2.3【答】BD　5-2.4【答】A　5-2.5【答】C

5-2.6【答】C　5-2.7【答】A　5-2.8【答】B　5-2.9【答】C　5-2.10【答】B

三、判断题

5-3.1　弯起钢筋的上弯点至前一排弯筋的下弯点距离 不大于 $s_{\max}$ 主要保证斜截面受弯能力。（　）

5-3.2　尺寸、材料及受剪钢筋等级为一定值的承受集中荷载的连续梁，按广义剪跨比计算受剪承载力 V_u 时，不同内力组合下的 V_u 不同。（　）

5-3.3　受弯构件纵向钢筋全部伸入支座时,仍然要验算斜截面受弯承载力。(　　)

5-3.4　材料图或抵抗弯矩图不切入设计弯矩图内,正截面受弯承载力均满足要求。(　　)

5-3.5　梁高不小于 600 mm 时要设腰筋及拉筋,其作用是承受弯矩。(　　)

5-3.6　简支梁支座边 $M=0$ 处,钢筋应力不等于零。(　　)

5-3.7　梁中有计算受压筋时,应设封闭箍筋。(　　)

5-3.8　超筋梁与超配箍筋的特点均是混凝土破坏时受力钢筋及箍筋未屈服。(　　)

5-3.9　一根梁,按规范进行正截面及斜截面承载力计算后,正常使用阶段一般只可能有垂直裂缝。(　　)

5-3.1　【答】×,改错:弯起钢筋的上弯点至前一排弯筋的下弯点距离 不大于 s_{max} 主要保证斜截面抗剪能力

5-3.2　【答】×,改错:尺寸、材料及受剪钢筋等级为一定值的承受集中荷载的连续梁,按广义剪跨比计算受剪承载力 V_u 时,不同内力组合下的 V_u 相同

5-3.3　【答】×,改错:受弯构件纵向钢筋全部伸入支座时,不需要验算斜截面受弯承载力

5-3.4　【答】√

5-3.5　【答】×,改错:梁高不小于 600 mm 时要设腰筋及拉筋,其作用是防止箍筋凸屈

5-3.6　【答】√

5-3.7　【答】√

5-3.8　【答】√

5-3.9　【答】×,改错:一根梁,按规范进行正截面及斜截面承载力计算后,正常使用阶段一般只能验算垂直裂缝

四、简答题

5-4.1　钢筋混凝土梁在荷载作用下为什么会产生斜裂缝?无腹筋梁中,斜裂缝出现前后,梁中应力状态有哪些变化?

【答】由于混凝土的抗拉强度很低,当主拉应力超过混凝土的抗拉强度时,梁的弯剪区域就会出现垂直于主拉应力轨迹线的裂缝。

在无腹筋梁中,斜裂缝出现前后,梁中的应力状态变化有:

(1)斜裂缝出现前,梁的整个混凝土截面均能抵抗外荷载产生的剪力,但是斜裂缝出现后,只有斜截面上端余留截面抵抗剪力,因此开裂后混凝土所承担的剪应力增大了。

(2)斜裂缝出现前,各垂直截面的纵向钢筋的拉力由各垂直截面的弯矩所决定,拉力的变化规律基本上与弯矩图一致。但是斜裂缝出现以后,斜截面下端的钢筋拉力却要承担斜截面上端的弯矩,弯矩变大了,所以开裂以后穿过斜截面的纵筋的拉应力突然增大了。

(3)由于纵筋的拉应力突然增大,使斜裂缝进一步向上延伸,因而受压区的混凝土截面进一步缩小,使得受压区混凝土的压应力值也进一步增大。

(4)由于混凝土拉应力的突然增大，纵筋与周围的混凝土之间的黏结有可能遭到破坏，出现黏结裂缝，再加上纵筋的“销栓力”的作用，可能产生沿纵筋的撕裂裂缝，最后纵筋与混凝土的共同作用主要依靠纵筋在支座处的锚固。

5-4.2　什么是广义剪跨比？什么是计算剪跨比？

【答】广义剪跨比反映梁截面上弯曲应力和剪应力的比值，简称剪跨比。剪跨比是反映梁斜截面受剪承载力变化规律和区分发生各种剪切破坏形态的重要参数。其计算公式为：$\lambda = \frac{M}{Vh_0}$，它可以用于计算构件在任意荷载作用下任意截面的剪跨比，是一个普遍适用的剪跨比，所以称其为广义剪跨比。

计算剪跨比是剪跨 a 与截面有效高度 h_0 的比值，即 $\lambda = \frac{a}{h_0}$，只能用于计算集中荷载作用下距支座最近的集中荷载作用点处的剪跨比，不能用于计算其他复杂荷载作用下的剪跨比。

5-4.3　有腹筋梁斜截面受剪破坏形态有哪几种？各在什么情况下发生？

【答】有腹筋梁斜截面剪切破坏形态有斜拉破坏、剪压破坏、斜压破坏。

(1)斜拉破坏：当腹筋配置很少，且剪跨比 $\lambda > 3$ 时，一般发生斜拉破坏。

(2)剪压破坏：当腹筋配置适当，且剪跨比 $1 \leqslant \lambda \leqslant 3$ 时，一般发生剪压破坏。

(3)斜压破坏：当腹筋配置很多，剪跨比很小($\lambda < 1$)时，斜裂缝间的混凝土因主压应力过大而发生斜向受压破坏时，腹筋应力达不到屈服，腹筋强度得不到充分利用。

5-4.4　腹筋在哪些方面改善了无腹筋梁的抗剪性能？为什么要控制箍筋最小配筋率？为什么要控制梁截面尺寸不能过小？

【答】(1)腹筋在以下方面改善了无腹筋梁的抗剪性能：①与斜裂缝相交的腹筋本身能承担很大一部分剪力。②腹筋能阻止斜裂缝开展过宽，延缓斜裂缝向上延伸，保留了更大的剪压区高度，从而提高了混凝土的斜截面抗剪承载力。③腹筋能有效地减少斜裂缝的开展宽度，提高斜截面上的骨料咬合力。④箍筋可限制纵向钢筋的竖向位移，有效地阻止混凝土沿纵筋的撕裂，从而提高纵筋的“销栓力”。

(2)为了防止构件发生斜拉破坏，所以要控制箍筋的最小配箍率。因为箍筋配置过少时，一旦斜裂缝出现，由于箍筋的抗剪作用不足以代替斜裂缝发生前混凝土原有的作用，就会发生突然性的脆性破坏。

(3)为了防止构件发生斜压破坏，所以要控制梁截面尺寸不能过小。因为当截面尺寸较小而荷载又过大时，可能在支座上方产生过大的主压应力，使端部发生斜压破坏。这种破坏形态的构件，斜截面抗剪承载力基本上取决于混凝土的抗压强度及构件的截面尺寸，腹筋的数量影响甚微。

5-4.5　为什么要控制箍筋及弯起钢筋的最大间距(即 $s < s_{max}$)？

【答】设置箍筋时，箍筋间距一般应由计算确定，同时为了控制使用荷载下的斜裂缝宽度，防止斜裂缝出现在两道箍筋之间不与任何箍筋相交，必须控制箍筋间距。设置弯起钢筋时，为防止间距过大，出现不与弯起钢筋相交的斜裂缝，使弯起钢筋不能发挥作用，必须控制弯起钢筋的间距。

5-4.6　什么是抵抗弯矩图？它与设计弯矩图有什么关系？

【答】抵抗弯矩图是指按实际纵向受力钢筋布置情况画出的各截面抵抗弯矩，即受弯承载力 M_u 沿构件轴线方向的分布图形。抵抗弯矩图与设计弯矩图的关系：弯矩图是荷载产生的设计弯矩 M 形成的图形。抵抗弯矩图是混凝土梁配置钢筋后能够承担的弯矩 M_u 的图形。两图形之间的关系是：①抵抗弯矩图要包住设计弯矩图，即 $M_u \geqslant M$；②抵抗弯矩图要接近设计弯矩图，从设计弯矩图和抵抗弯矩图的关系来看，二者愈靠近，其经济效果愈好。

5-4.7　抵抗弯矩图中钢筋的理论切断点和充分利用点的意义是什么？

【答】理论切断点是抵抗弯矩图上钢筋不需要发挥作用的临界点，充分利用点是抵抗弯矩图上钢筋完全得到利用的临界点。

5-4.8　为什么会发生斜截面受弯破坏？钢筋切断或弯起时，如何保证斜截面抗弯承载力？

【答】对钢筋混凝土受弯构件，在剪力和弯矩的共同作用下产生的斜裂缝，会导致与其相交的纵向钢筋拉应力增加，引起沿斜截面受弯承载力不足及锚固不足的破坏。钢筋切断或弯起时，保证斜截面受弯承载力的措施：①纵向受拉钢筋弯起时保证斜截面受弯能力的构造措施。即钢筋弯起点位置与按计算充分利用该钢筋的截面之间的距离不应小于 $h_0/2$；同时，弯起钢筋与梁中心线的交点位于不需要该钢筋的截面之外，就可保证斜截面受弯承载力。②纵向受拉钢筋截断时的构造措施。首先，保证截断钢筋强度的充分利用，必须将钢筋从其强度充分利用截面向外延伸一定的长度 l_{d1}；同时，截断钢筋必须满足距理论切断点有一定的延伸长度 l_{d2}。

5-4.9　试改正图 5-1 中抵抗弯矩图画法的错误。

【答】图 5-2 为正确抵抗弯矩图。

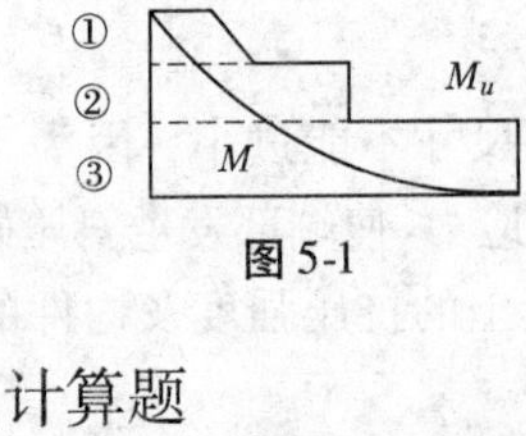

图 5-1

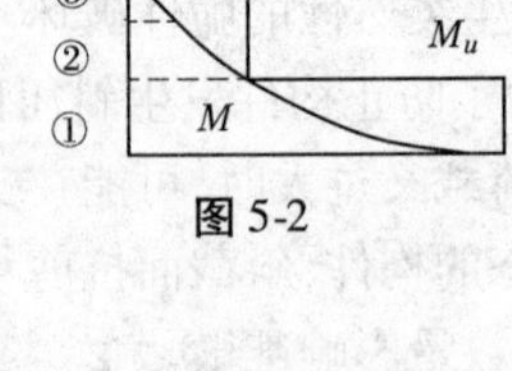

图 5-2

五、计算题

5-5.1　某矩形截面简支梁，安全等级为二级，处于一类环境，承受均布荷载设计值 $p=57$ kN/m（包括自重）。梁净跨度 $l_n=5.3$ m，计算跨度 $l_0=5.5$ m，截面尺寸 $b\times h=250$ mm×550 mm。混凝土强度等级为 C20，纵向钢筋采用 HRB335 级钢筋，箍筋采用 HPB235 级钢筋。根据正截面受弯承载力计算已配有 6 Φ 22 的纵向受拉钢筋，按两排布置。分别按下列两种情况计算配筋:①由混凝土和箍筋抗剪;②由混凝土、箍筋和弯起钢筋共同抗剪。

【解】(1)设计参数。

C20 混凝土,查附表 7,$f_c = 9.6\ N/mm^2$,$f_t = 1.10\ N/mm^2$,$\beta_c = 1.0$;根据 HPB235 级钢筋,查附表 4,$f_{yv} = 210\ N/mm^2$;一类环境,查附表 10,$c = 30$ mm,$a_s = c + d + e/2 = 30 + 22 + 25/2 = 64.5$(mm);安全等级为二级的构件,$\gamma_0 = 1.0$。

(2)计算支座边缘截面剪力设计值:

$$V = \gamma_0 \frac{1}{2} p l_n = 1.0 \times \frac{1}{2} \times 57 \times 5.3 = 151.05(\mathrm{kN})$$

(3)截面尺寸复核。

取 $a_s = 65$ mm,则:

$$h_0 = h - a_s = 550 - 65 = 485(\mathrm{mm})$$

$$h_0/b = 485/250 = 1.94 < 4.0$$

$$0.25\beta_c f_c b h_0 = 0.25 \times 1.0 \times 9.6 \times 250 \times 485 = 291\ 000(\mathrm{N}) = 291\ \mathrm{kN} > V = 151.05\ \mathrm{kN}$$

故截面尺寸满足抗剪要求。

(4)验算是否需要通过计算确定腹筋:

$$0.7 f_t b h_0 = 0.7 \times 1.10 \times 250 \times 485 = 93.36 \times 10^3(\mathrm{N}) = 93.36\ \mathrm{kN} < V = 151.05\ \mathrm{kN}$$

故应由计算确定腹筋用量。

(5)计算配筋。

①由混凝土和箍筋抗剪。

由仅配箍筋的抗剪计算公式得:

$$\frac{A_{sv}}{s} \geqslant \frac{V - 0.7 f_t b h_0}{1.25 f_{yv} h_0} = \frac{(151.05 - 93.36) \times 10^3}{1.25 \times 210 \times 485} = 0.45(\mathrm{mm^2/mm})$$

选取直径为 8 mm 的双肢箍筋,则:

$$A_{sv} = 2A_{sv1} = 2 \times 50.3 = 100.6(\mathrm{mm^2})$$

$s \leqslant 2 \times 50.3/0.45 = 233.56$ (mm),取 $s = 200\ \mathrm{mm} < s_{\max} = 250$ mm ,故可得:

$$\rho_{sv} = \frac{A_{sv}}{bs} = \frac{2 \times 50.3}{250 \times 200} = 0.201\% > \rho_{sv,\min} = 0.24 \frac{f_t}{f_{yv}} = 0.24 \times \frac{1.10}{210} = 0.126\%$$

满足要求。

②混凝土、箍筋和弯起钢筋共同作用。

选用直径为 6 mm 的双肢箍筋,$n = 2$,$A_{sv1} = 28.6\ \mathrm{mm^2}$,间距 $s = 240$ mm,则有:

$$V_{cs} = 0.7 f_t b h_0 + 1.25 f_{yv} \frac{A_{sv}}{s} h_0 = 0.7 \times 1.10 \times 250 \times 485 + 1.25 \times 210 \times \frac{2 \times 28.6}{240} \times 485$$

$$= 123.7 \times 10^3(\mathrm{N}) = 123.7\ \mathrm{kN}$$

则弯起钢筋截面面积为:

$$A_{sb} = \frac{V - V_{cs}}{0.8 f_y \sin\alpha_s} = \frac{(151.05 - 123.7) \times 10^3}{0.8 \times 300 \sin 45^\circ} = 161.18(\mathrm{mm^2})$$

可弯起 1 Φ 22 的纵筋为弯起钢筋协助箍筋抗剪($A_{sb} = 380\ \mathrm{mm^2}$)。

钢筋弯起点至支座边缘的距离为：

$$200 + 490 = 690(\text{mm})$$

(6)验算弯起点的斜截面抗剪是否满足要求。

计算弯起点处对应的剪力设计值 V_1：

$$V_1 = \frac{1}{2} \times 57 \times (5.3 - 2 \times 0.69) = 111.72(\text{kN})$$

计算该截面的抗剪承载力设计值 V_{cs}，由前知：

$$V_{cs} = 0.7 f_t b h_0 + 1.25 f_{yv} \frac{A_{sv}}{s} h_0 = 123.7(\text{kN}) > V_1 = 111.72 \text{ kN}$$

所以，该截面满足抗剪承载力要求。

5-5.2　承受均布荷载设计值 p 作用下的矩形截面简支梁，安全等级为二级，处于一类环境，截面尺寸 $b \times h = 200 \text{ mm} \times 400 \text{ mm}$，梁净跨度 $l_n = 4.5 \text{ m}$，混凝土强度等级为 C20，箍筋采用 HPB235 级钢筋。梁中已配有双肢Φ 8@200 箍筋，试求该梁在正常使用期间按斜截面承载力要求所能承担的荷载设计值 p。

【解】(1)设计参数。

由 C20 混凝土，查附表 7，$f_c = 9.6 \text{ N/mm}^2$，$f_t = 1.10 \text{ N/mm}^2$，$\beta_c = 1.0$；安全等级为二级的构件，$\gamma_0 = 1.0$；由一类环境，查附表 10，$c = 30$ mm，$a_s = c + d/2 = 30 + 20/2 = 40(\text{mm})$，$h_0 = h - a_s = 400 - 40 = 360(\text{mm})$。

(2)验算配箍率：

$$\rho_{sv} = \frac{A_{sv}}{bs} = \frac{2 \times 50.3}{200 \times 200} = 0.252\% > \rho_{sv,\min} = 0.24 \frac{f_t}{f_{yv}} = 0.24 \times \frac{1.10}{210} = 0.126\%$$

$$s = 200 \text{ mm} < s_{\max} = 250 \text{ mm}$$

故满足要求。

(3)计算斜截面抗剪承载力 V_u：

$$V_u = 0.7 f_t b h_0 + 1.25 f_{yv} \frac{A_{sv}}{s} h_0$$

$$= 0.7 \times 1.10 \times 200 \times 360 + 1.25 \times 210 \times \frac{2 \times 50.3}{200} \times 360$$

$$= 102.97 \times 10^3(\text{N}) = 102.97 \text{ kN}$$

(4)计算荷载设计值 p：

由 $$V \leqslant V_u$$

即 $$\gamma_0 \times \frac{1}{2} \times p \times l_n = 1.0 \times \frac{1}{2} \times p \times 4.5 \leqslant V_u = 102.97 \text{ kN}$$

故 $$p \geqslant 45.76 \text{ kN/m}$$

(5)验算截面尺寸：

由 $$h_w / b = 365/200 = 1.8 < 4$$

则 $0.25 \beta_c f_c b h_0 = 0.25 \times 1.0 \times 9.6 \times 200 \times 360 = 172.8 \times 10^3(\text{N}) = 172.8 \text{ kN} > V = V_u$

故截面尺寸满足要求。

5-5.3　矩形截面简支梁，安全等级为二级，处于一类环境，承受均布荷载设计值 $p = 8$

kN/m(包括自重),集中荷载设计值 $P=100$ kN,如图5-3 所示,截面尺寸 $b\times h=250$ mm × 600 mm,纵筋按两排布置。混凝土强度等级为 C25,箍筋采用 HPB235 级钢筋。试确定箍筋数量。

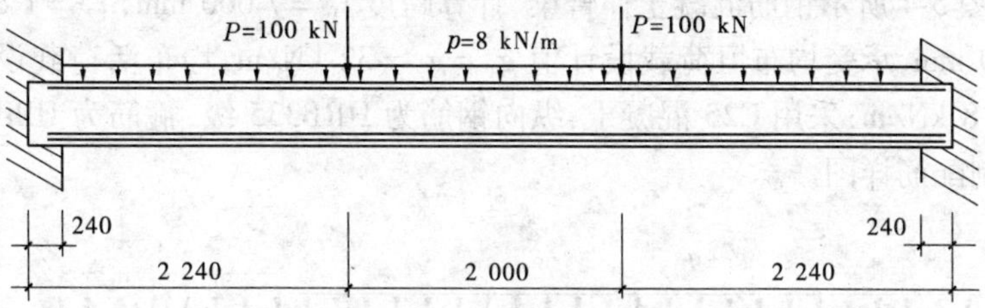

图5-3 (单位:mm)

【解】(1)设计参数。

由 C25 混凝土,查附表 7, $f_c=11.9\ \text{N/mm}^2$, $f_t=1.27\ \text{N/mm}^2$, $\beta_c=1.0$;根据一类环境查附表 10, $c=25$ mm,则 $a_s=c+d+e/2=25+20+25/2=57.5$(mm), $h_0=h-a_s=600-57.5=542.5$(mm);由图5-3, $l_n=2\,240+2\,000+2\,240-240-240=6\,000$(mm) $=6$ m。

(2)计算支座边缘截面剪力设计值:

$$V=\gamma_0\left(\frac{1}{2}pl_n+P\right)=1.0\times\left(\frac{1}{2}\times 8\times 6+100\right)=124(\text{kN})$$

(3)截面尺寸验算。

由于 $$h_w/b=h_0/b=542.5/250=2.17<4$$

则 $$0.25\beta_c f_c bh_0=0.25\times 1.0\times 11.9\times 250\times 542.5=403.48\times 10^3(\text{N})$$
$$=403.48\ \text{kN}>V=124\ \text{kN}$$

故截面尺寸满足抗剪要求。

(4)抗剪箍筋计算。

①因为在支座截面处,集中荷载产生的剪力与总剪力之比为:100/124 = 80.6% > 75%,所以要选择以集中荷载作用为主的计算公式。

$$\lambda=a/h_0=2\,000/542.5=3.69>3,\text{取}\ \lambda=3$$

②验算是否需要计算配腹筋:

$$\frac{1.75}{\lambda+1}f_t bh_0=\frac{1.75}{3+1}\times 1.27\times 250\times 542.5=75.36\times 10^3(\text{N})=75.36\ \text{kN}<V=124\ \text{kN}$$

故应由计算确定腹筋用量。

③计算箍筋用量:

由 $$\frac{A_{sv}}{s}\geqslant\frac{V-\dfrac{1.75}{1+\lambda}f_t bh_0}{f_{yv}h_0}=\frac{(124-75.36)\times 10^3}{210\times 542.5}=0.427(\text{mm}^2/\text{mm})$$

选用双肢Φ 8 的箍筋,即 $A_{sv1}=50.3\ \text{mm}^2$,则:

$$s=\frac{A_{sv}}{0.427}=\frac{2\times 50.3}{0.427}=235.6(\text{mm}),\ \text{取}\ s=230\ \text{mm},\ s<s_{\max}=250\ \text{mm}$$

④验算最小配箍率:

$$\rho_{sv}=\frac{A_{sv}}{bs}=\frac{2\times 50.3}{250\times 230}=0.175\%>\rho_{sv,\min}=0.24f_t/f_{yv}=0.24\times 1.27/210=0.145\%$$

故满足要求。

5-4.4　图 5-4 所示钢筋混凝土伸臂梁，计算跨度 $l_1=7\ 000$ mm，$l_2=1\ 800$ mm，支座宽度均为 370 mm，承受均布恒荷载设计值 $g_1=g_2=32$ kN/m，均布活荷载设计值 $q_1=48$ kN/m，$q_2=118$ kN/m；采用 C25 混凝土，纵向钢筋为 HRB335 级，箍筋为 HPB235 级，试设计该梁并绘制配筋详图。

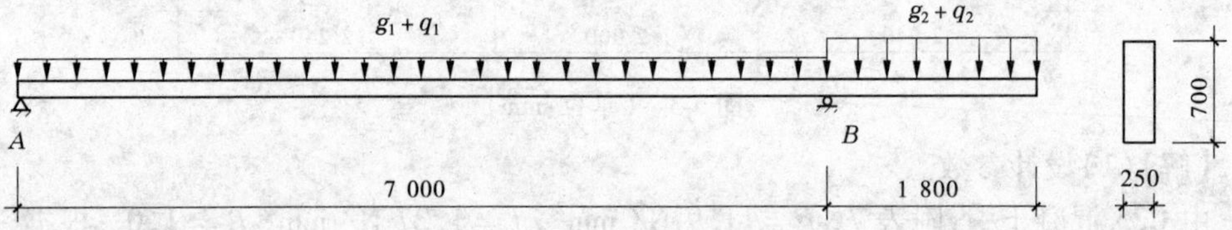

图 5-4　（单位：mm）

【解】(1)设计资料。

混凝土强度等级 C25，查附表 7 可知，$f_c=11.9$ N/mm²，$f_t=1.27$ N/mm²，$\alpha_1=1.0$，$\beta_c=1.0$。由 HRB335 级钢筋和 HPB235 级箍筋，查附表 4，$f_y=300$ N/mm²，$\xi_b=0.55$，$f_{yv}=210$ N/mm²。纵向钢筋初步按两排布置，则 $h_0=h-a_s=700-60=640$(mm)。

(2)梁的内力和内力图。

恒荷载是一直作用不变的荷载，作用于梁上的位置是固定不变的，计算简图如图 5-5(a)所示，而活荷载则是可变的，因此 q_1、q_2 的作用位置可能有三种情况，如图 5-5(b)、(c)、(d)所示。因此，作用于梁上的荷载分别有(a)+(b)、(a)+(c)、(a)+(d)三种情况。在同一坐标系下，分别画出这三种情况作用下的弯矩图和剪力图，如图 5-6 所示。由于活荷载的布置方式不同，梁的内力图有很大的差别。设计的目的是要保证各种可能作用下梁的可靠性能，因而要确定活荷载的最不利布置，并绘制内力包络图，如图 5-6 所示。按内力包络图进行梁的设计可保证构件在各种荷载作用下的安全性。

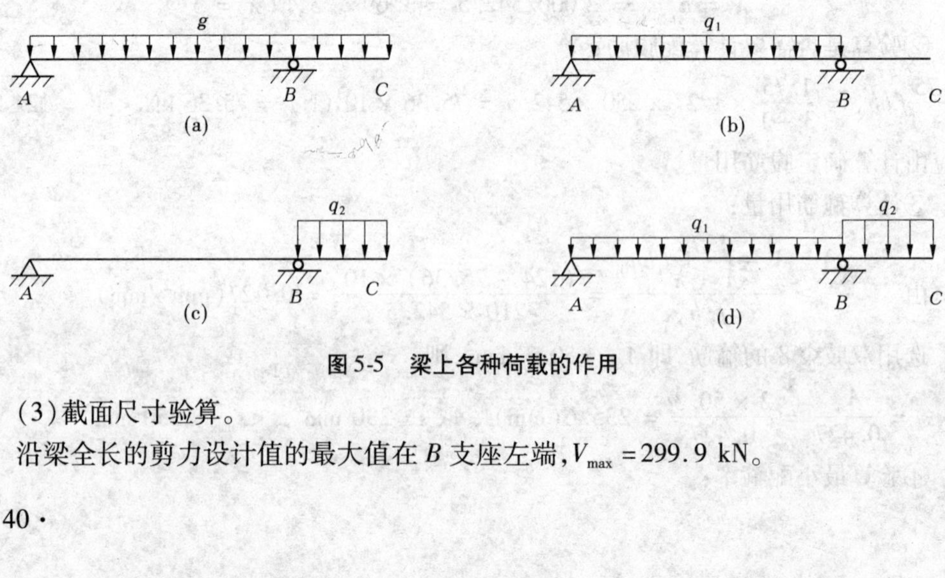

图 5-5　梁上各种荷载的作用

(3)截面尺寸验算。

沿梁全长的剪力设计值的最大值在 B 支座左端，$V_{\max}=299.9$ kN。

$h_w/b = 640/250 = 2.54 < 4$，属于一般梁。

$$0.25\beta_c f_c b h_0 = 0.25 \times 1.0 \times 11.9 \times 250 \times 640$$
$$= 476 \times 10^3(\text{N}) = 476\ \text{kN} > V_{max} = 299.9\ \text{kN}$$

故截面尺寸满足要求。

(4)配筋计算。

①纵筋计算。

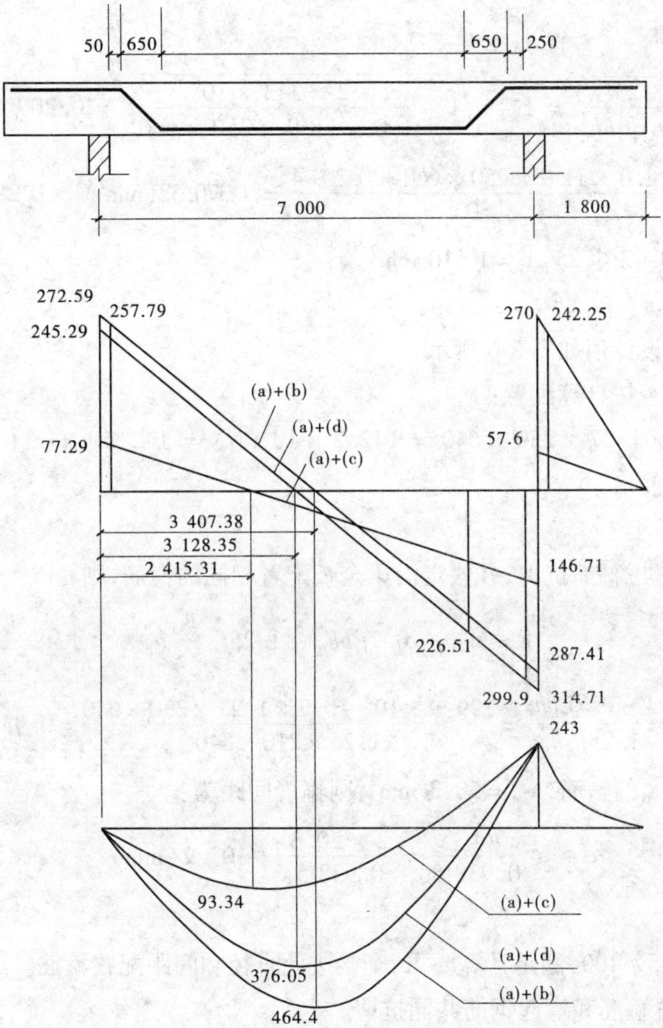

图 5-6 梁的内力图及内力包络图

跨中截面 $M = 464.4\ \text{kN} \cdot \text{m}$

$$\xi = 1 - \sqrt{1 - \frac{2M}{\alpha_1 f_c b h_0^2}} = 1 - \sqrt{1 - \frac{2 \times 464.4 \times 10^6}{1.0 \times 11.9 \times 250 \times 640^2}} = 0.5124 < \xi_b = 0.55$$

$$A_s = \frac{\alpha_1 f_c b h_0 \xi}{f_y} = \frac{1.0 \times 11.9 \times 250 \times 640 \times 0.512\,4}{300} = 3\,252.03(\mathrm{mm}^2) > 0.2\% bh$$

$$= 0.2\% \times 250 \times 700 = 350(\mathrm{mm}^2)$$

选用4 Φ 28 +2 Φ 25,A_s =3 445 mm²。

支座截面　　　　　　　　　　$M = 243\ \mathrm{kN \cdot m}$

本题支座弯矩较小,是跨中弯矩的52.3%,可按单排配筋,令 a_s =40 mm,则:

$$h_0 = h - a_s = 700 - 40 = 640(\mathrm{mm})$$

按同样步骤,可得:

$$\xi = 1 - \sqrt{1 - \frac{2M}{\alpha_1 f_c b h_0^2}} = 1 - \sqrt{1 - \frac{2 \times 243 \times 10^6}{1.0 \times 11.9 \times 250 \times 660^2}} = 0.209\,4 < \xi_b = 0.55$$

$$A_s = \frac{\alpha_1 f_c b h_0 \xi}{f_y} = \frac{1.0 \times 11.9 \times 250 \times 660 \times 0.209\,4}{300} = 1\,370.52(\mathrm{mm}^2) > 0.2\% bh = 350\ \mathrm{mm}^2$$

选用2 Φ 20 +2 Φ 25,A_s =1 610 mm²。

②腹筋计算。

各支座剪力设计值如图5-6所示。

验算腹筋是否按计算配置:

$0.7 f_t b h_0 = 0.7 \times 1.27 \times 250 \times 640 = 142.2 \times 10^3(\mathrm{N}) = 142.2\ \mathrm{kN} < V_{\max} = 299.9\ \mathrm{kN}$
故需按计算配腹筋。

腹筋计算。

方案一:仅考虑箍筋抗剪,并假定沿梁全长配置相同的箍筋,则:

由　　　　$$V \leqslant V_{cs} = 0.7 f_t b h_0 + 1.25 f_{yv} \frac{A_{sv}}{s} h_0$$

有　　　　$$\frac{A_{sv}}{s} \geqslant \frac{V - 0.7 f_t b h_0}{1.25 f_{yv} h_0} = \frac{299.9 \times 10^3 - 0.7 \times 1.27 \times 250 \times 640}{1.25 \times 210 \times 640} = 0.938\,5$$

选用双肢Φ 8 的箍筋,A_{sv1} =50.3 mm²,则箍筋间距为:

$$s \leqslant \frac{nA_{sv1}}{0.938\,5} = \frac{2 \times 50.3}{0.938\,5} = 107.2(\mathrm{mm})$$

取 s =100 mm。

实选双肢Φ 8@100,满足计算要求,全梁按此直径和间距配置箍筋。

方案二:配置箍筋和弯起钢筋共同抗剪。

在 AB 段内配置箍筋和弯起钢筋,弯起钢筋参与抗剪并抵抗 B 支座负弯矩;BC 段仍配双肢箍。计算过程见表5-1。

(5)进行钢筋布置、作图。

纵筋的弯起位置由抵抗弯矩图确定,故需要按比例绘制设计弯矩图和抵抗弯矩图。A 支座按计算只需要配弯起钢筋1.727 mm²,本计算中将②号钢筋在 A 支座处弯起,用来协助箍筋抗剪和抵抗支座处的负弯矩。

表 5-1　腹筋计算表

截面位置	A 支座	B 支座左	B 支座右
剪力设计值 V(kN)	257.8	299.9	242.23
$V_c = 0.7f_t bh_0$(kN)		142.2	142.2
选用箍筋(直径、间距)(mm)		Φ 8@150	Φ 8@150
$V_{cs} = V_c + 1.25f_{yv}\dfrac{A_{sv}}{s}h_0$ (kN)		254.87	254.87
$V - V_{cs}$ (kN)	2.93	45.03	—
$A_{sb} = \dfrac{V - V_{cs}}{0.8f_y\sin\alpha}$($mm^2$)	1.727	265.38	—
弯起钢筋选择	2 Φ 25,A_{sb} = 982 mm^2	2 Φ 25,A_{sb} = 982 mm^2	
弯起点距支座边缘距离(mm)	—	250 + 650 = 900	
弯起点处剪力设计值 V_2(kN)	—	299.9 × (1 − 900/3 407.38) = 220.69	—
是否需要第二排弯起钢筋	—	$V_2 < V_{cs}$,不需要	

①按比例绘制弯矩包络图。

根据图 5-7,AB 跨正弯矩包络线由图 5-5(a) + (b)确定:

$$M(x) = \frac{g}{2}\left[(1 - \frac{l_2^2}{l_1^2})l_1x - x^2\right] + \frac{q_1}{2}(l_1x - x^2)$$

AB 跨最小弯矩包络线由图 5-5(a) + (c)确定:

$$M(x) = \frac{g}{2}\left[(1 - \frac{l_2^2}{l_1^2})l_1x - x^2\right] + \frac{q_2}{2}\frac{l_2^2}{l_1}x$$

以上 x 均为计算截面到 A 支座中心处(坐标原点)的距离。

BC 跨弯矩包络线由图 5-5(a) + (d)确定(以 C 点为坐标原点):

$$M(x) = \frac{1}{2}(g + q_2)x^2$$

选取适当比例和坐标,即可绘出弯矩包络图。

②确定各纵筋承担的弯矩(见图 5-7)。

跨中钢筋 4 Φ 28 + 2 Φ 25,由抗剪计算可知需要弯起 2 Φ 25,①号钢筋 4 Φ 28 伸入支座,②号钢筋2 Φ 25 弯起;按它们的面积比例将正弯矩包络图用虚线分为两部分,虚线与包络图的交点就是钢筋的充分利用截面或不需要截面。

支座负弯矩钢筋 2 Φ 25 + 2 Φ 20,其中,利用跨中正弯矩钢筋②2 Φ 25 抵抗部分负弯矩,2 Φ 20 抵抗其余的负弯矩,编号为③,两部分钢筋承担的负弯矩也按其面积比用虚线把弯矩包络图分成两部分。

在排列钢筋时,应将伸入支座的跨中钢筋、最后截断的负弯矩钢筋(或不截断的负弯矩钢筋)排在弯矩包络图的内侧,然后再排列弯起点离支座距离最近(负弯矩钢筋为最远)的弯起钢筋、离支座较远截面截断的负弯矩钢筋。

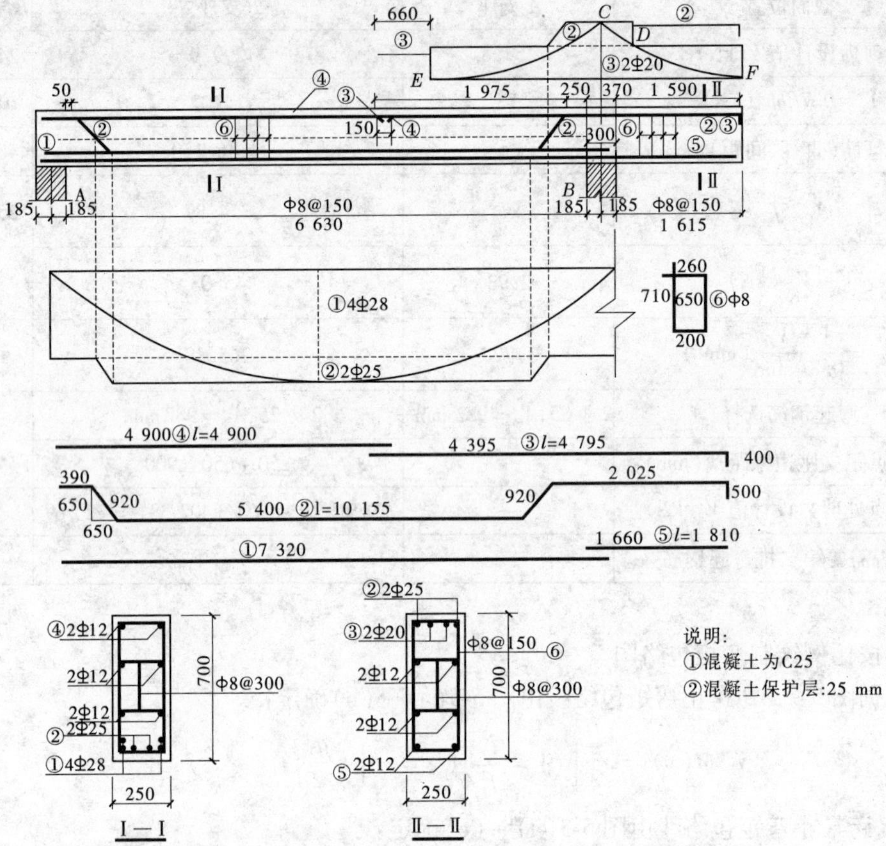

图 5-7　伸臂梁配筋图

③确定弯起钢筋的弯起位置。

由抗剪计算确定的弯起钢筋位置作抵抗弯矩图。显然,②号钢筋的抵抗弯矩图全部覆盖相应弯矩包络图,且弯起点距离它的充分利用截面都大于 $h_0/2$ 。故它满足正截面抗弯、斜截面抗剪、斜截面抗弯三项要求。

④确定纵筋截断位置。

对②号钢筋而言, $V > 0.7f_t bh_0$,且截断点仍位于负弯矩受拉区内,故其截断位置从按正截面受弯承载力计算不需要该钢筋的截面(图 5-7 中 D 处)向外的延伸长度应不小于 $20d = 20 \times 25 = 500$(mm) ,且不小于 $1.3h_0 = 1.3 \times 827 = 1\ 075$(mm) ;同时,从该钢筋充分利用截面(图 5-7 中 C 处)向外延伸长度应不小于 $1.2l_a + 1.7h_0 = 1.2 \times 827 + 1.7 \times 660 = 2\ 114$(mm) 。根据抵抗弯矩图,可知其实际截断位置由尺寸 1 590 mm 控制。

③号钢筋的理论截断点是图 5-7 中的 E 和 F,其中, $h_0 = 660$ mm; $1.2l_a + h_0 = 1.2 \times 827 + 660 = 1\ 652.4$(mm) 。根据抵抗弯矩图,可知该钢筋的左端截断位置由尺寸 1 975 mm 控制。

⑤绘制梁的配筋图。

梁的配筋图包括纵剖面配筋图、横剖面配筋图。纵剖面配筋图表示钢筋沿梁长方向的走向，横剖面配筋图表示钢筋在同一截面内的位置。

ⅰ.按比例画出梁的纵剖面配筋图和横剖面配筋图。

纵、横剖面配筋图可用不同的比例。当梁的纵横向截面尺寸相差悬殊时，在同一纵剖面配筋图中，纵横向可选用不同比例。

ⅱ.画出每种规格钢筋在纵横剖面配筋图上的位置并进行编号（钢筋的形状、级别、直径、长度完全相同的，可用同一个编号）。

直钢筋①（4 Φ 28）全部伸入支座，伸入支座的锚固长度 $l_{as} = 12d = 12 \times 28 = 336$(mm)。考虑到施工方便，伸入 A 支座长度取 $370 - 25 = 345$(mm)；伸入 B 支座长度取 345 mm。故该钢筋总长 $= (7\ 000 - 370) + 345 + 345 = 7\ 320$(mm)。

弯起钢筋②（2 Φ 25）根据作抵抗弯矩图后确定的位置，在 A 支座附近弯起后锚固于受压区，应使其水平长度 $\geqslant 10d = 10 \times 25 = 250$(mm)，实际取 $370 - 25 + 50 = 395$(mm)；在 B 支座左侧弯起后，穿过支座伸至其端部后下弯 $20d$。该钢筋斜弯段的水平投影长度 $= 700 - 25 \times 2 = 650$(mm)。②号钢筋的总长度即为各段长度之和。

负弯矩钢筋③（2 Φ 20）左端按实际的截断位置延伸至正截面受弯承载力计算不需该钢筋的截面外 660 mm。同时，从该钢筋充分利用截面延伸的长度为 1 975 mm，大于 $1.2l_a + h_0$。右端向下弯折 $20d = 20 \times 20 = 400$(mm)。该钢筋同时兼作梁的架立钢筋。

AB 跨内的架立钢筋可选 2 Φ 12，编号为④，左端伸入支座内 $370 - 25 = 345$(mm)处，右端与③号钢筋搭接，搭接长度可取 150 mm（非受力搭接）。其水平长度 $= 345 + (7\ 000 - 370) - (250 + 1\ 975) + 150 = 4\ 900$(mm)。

伸臂梁下部的架立钢筋可同样选 2 Φ 12，钢筋编号为⑤，在支座 B 内要满足锚固长度的要求 $\geqslant 0.7l_a = 0.7\alpha \dfrac{f_y}{f_t}d = 0.7 \times 0.14 \times \dfrac{300}{1.27} \times 12 = 277.8$(mm)，取锚固长度为 300 mm，其水平长度为 $1\ 800 - 185 - 25 + 300 = 1\ 890$(mm)。

箍筋编号为⑥，在纵剖面配筋图中标出不同间距的范围。

ⅲ.绘出单根钢筋图（或作钢筋表）。

详见图 5-7。

ⅳ.图纸说明。

简单说明梁所采用的混凝土强度等级、钢筋规格、混凝土保护层厚度、图内比例、采用尺寸及施工中需要的注意事项等。

第六章　钢筋混凝土受压构件承载力计算

本章要点

本章主要介绍钢筋混凝土轴心受压构件及偏心受压构件的承载力计算、截面设计方法及构造要求。要求学生掌握轴心受压构件的受力全过程、破坏形态、正截面受压承载力的计算方法及主要构造，了解螺旋箍筋柱的原理与应用。掌握偏心受压构件的分类和破坏特征、纵向弯曲对偏心受压构件的影响及其正截面应力的计算简图。对偏心受压构件正截面承载力的计算公式和原理要加以理解。熟练掌握非对称配筋的矩形截面和对称配筋矩形与工字形截面偏心受压构件正截面受压承载力的计算方法及纵向钢筋与箍筋的主要构造要求。掌握 $N_u \sim M_u$ 相关曲线的概念及其应用。了解双向偏心受压构件、环形和圆形截面受压构件的承载力计算原理。熟悉偏心受压构件斜截面承载力的计算。

矩形截面偏心受压构件的破坏特征、截面设计计算和构造、截面承载力复核是本章的重点。本章的难点是小偏心受压构件的计算。把握住该情况下混凝土受压区的变化特点、钢筋应力 σ_s、附加偏心距 e_a 的计算以及应用内力平衡条件，是解决这一难点的关键。

一、填空题

6-1.1　钢筋混凝土轴心受压短柱在整个加荷过程中，短柱__________截面受压，其压应变__________。由于钢筋和混凝土之间存在__________力，从加荷到破坏，钢筋与混凝土__________变形，两者压应变始终保持__________。

6-1.2　钢筋混凝土短柱的延性比素混凝土短柱要__________，柱延性好坏取决于__________和__________，对柱的__________约束程度越大，柱的延性就越__________。

6-1.3　将截面尺寸、混凝土强度等级及配筋相同的长柱和短柱相比较，可发现长柱的破坏荷载__________短柱，并且柱越细长则__________越多。因此，在设计中必须考虑由于__________对柱的承载力的影响。

6-1.4　影响钢筋混凝土轴心受压柱稳定系数的主要因素是__________，当它__________时，可以不考虑纵向弯曲的影响，称为__________；当柱过分细长时受压后容易发生__________，而导致__________。因此，对一般建筑物中的柱，常限制长细比__________及______________。

6-1.5　区分大小偏心受压的关键是远离轴向压力一侧的钢筋先__________，还是靠近轴向压力一侧的__________，前者为大偏心受压，后者为小偏心受压。这与区别受弯构件中__________和__________的界限类似。

6-1.6　矩形截面偏心受压构件，当 l_0/h __________时属于短柱范畴，可不考虑纵向弯曲的影响，即取 η __________；当 l_0/h __________时为长柱，应考虑纵向弯曲的影响。

6-1.7　矩形截面偏心受压构件截面设计时，由于钢筋截面面积 A_s 及 A'_s 为未知数，截面混凝土相对受压区高度 ξ __________,因此无法利用__________来判断属于大偏心受压还是小偏心受压。实际设计时常根据__________来加以决定。当__________时可按大偏心受压构件设计,当__________时可按小偏心受压构件设计。

6-1.8 矩形截面小偏心受压构件破坏时 A_s 的应力一般__________屈服强度。因此,为节约__________,可按最小配筋率及__________配置 A_s 。

6-1.9 矩形截面偏心受压构件,若计算所得 $\xi \leqslant \xi_b$,可保证构件破坏时受拉钢筋__________,$x \geqslant 2a'_s$,可保证构件破坏时受压钢筋__________。若受压区高度 $x < 2a'_s$,则受压钢筋__________,此时可取力矩平衡公式计算。

6-1.10 对于小偏心受压构件,可能由于柱子长细比较__________,在与弯矩作用平面相垂直的平面内发生__________而破坏。在这个平面内有__________弯矩作用,因此应按__________受压构件进行承载力复核,计算时须考虑__________的影响。

6-1.11 偏心受压构件截面两侧配置__________的钢筋,称为对称配筋,对称配筋虽然要__________一些钢筋,但构造__________、施工__________,特别是构件在荷载组合下,同一截面可能承受数量相近的异号__________时,更应采用对称配筋。

6-1.12 对于偏心受压构件的某一特定截面(材料、截面尺寸及配筋已定),当两种荷载组合同为大偏心受压时,若内力组合中弯矩 M 相同,则轴向力 N 越____就越____,这是因为大偏心受压破坏受控于__________,轴向力越____就使____应力越____,当然就__________承载力。

6-1.13 当偏心受压构件在两种荷载组合作用下同为小偏心受压时,若轴向力 N 相同,则弯矩 M 越____就越____,这是因为小偏心受压破坏受控于__________,弯矩 M 越____就使____应力越____,当然__________承载力。

6-1.14 受压柱中的钢筋强度等级不宜过高,这是由于____。

6-1.15 矩形截面柱的尺寸不宜小于__________。

6-1.16 轴压和偏压构件总含钢率__________,主要目的是____________________。

6-1.17 偏压构件中受拉破坏是指____。

6-1.18 偏压构件中受压破坏是指____。

6-1.19 偏心受压构件中材料破坏是指______________________________。

6-1.20 偏心受压构件中失稳破坏是指______________________________。

6-1.21 矩形截面单向偏心受压构件,应验算垂直于弯矩作用平面的承载力,可能发生承载力不足的情况是____________________。

6-1.22 $A_s = A'_s$ 时,大、小偏心受压的判别条件为__________,因为__________。

6-1.23 偏心受压构件钢筋截面 A_s 和 A'_s 的改变,将改变截面破坏形态,当 $\eta e_i > 0.3h_0$ 时,仅 A_s 由小到大变化时将由_______________破坏转变为_______________破坏。

6-1.24 当 $x < 2a'_s$ 时,取 $x =$ __________,其出发点是________________________,若 A'_s 不太大,与 $A'_s = 0$ 求得的 A_s 相比要__________些。

6-1.1 【答】整个、均匀分布、黏结力、共同、相等

6-1.2 【答】好(大)、纵筋、箍筋、横向、好

6-1.3 【答】低于、降低、长细比(纵向弯曲)

6-1.4 【答】柱的长细比、小于8、短柱、弯曲、失稳破坏、$l_0/h \leqslant 30$、边长不小于250 mm

6-1.5 【答】受拉屈服、混凝土先压碎、适筋梁、超筋梁

6-1.6 【答】≤5、=1.0、>5

6-1.7 【答】未知、ξ、ηe_i、$\eta e_i > 0.3h_0$、$\eta e_i \leqslant 0.3h_0$

6-1.8 【答】未达到、成本、构造

6-1.9 【答】屈服、屈服、未屈服

6-1.10 【答】大、弯曲、二阶、轴心、长细比(纵向弯曲)

6-1.11 【答】相同种类和数量、多耗费、简单、方便、弯矩

6-1.12 【答】小、危险、受拉钢筋应力、小、拉、大、越容易接近

6-1.13 【答】大、危险、混凝土的压应力大小、大、压、大、越容易接近

6-1.14 【答】受压钢筋应力的大小取决于对应位置处混凝土应变的大小

6-1.15 【答】250 mm×250 mm

6-1.16 【答】不宜超过0.05(5%)、不使截面配筋过于拥挤

6-1.17 【答】在相对偏心距较大,且受拉钢筋配置不太多时,构件在荷载作用下靠近纵向压力作用的一侧受压,另一侧受拉,最后先于受拉侧发生的破坏,或称大偏压破坏

6-1.18 【答】在相对偏心距较小或很小,或者虽然偏心距较大,但此时配置了很多的受拉钢筋,最后发生受压的破坏,或称小偏压破坏

6-1.19 【答】构件发生的材料强度破坏

6-1.20 【答】当构件长细比较大时发生的非材料强度破坏

6-1.21 【答】小偏心受压情况

6-1.22 【答】$x \leqslant \xi_b h_0$ 或 $x > \xi_b h_0$,判别大小偏压的实质是 x,而对称配筋时 x 已知

6-1.23 【答】受拉或大偏心受压、受压或小偏心受压

6-1.24 【答】$2a'_s$、保证受压钢筋能达到屈服、小

二、选择题

6-2.1 轴向受压构件的纵向钢筋配筋率不小于(　　)。

A.0.4%　　B.0.5%　　C.0.6%

6-2.2 受压构件中,纵向受力钢筋的直径不宜小于(　　)。

A.10 mm　　B.12 mm　　C.14 mm

6-2.3 钢筋混凝土受压短柱在持续不变的轴向力 N 的作用下,经过一段时间后,量测钢筋和混凝土应力情况,会发现与加载时相比(　　)。

A. 钢筋的应力增加,混凝土的应力减少

B. 钢筋的应力减小,混凝土的应力增加

C. 钢筋和混凝土的应力均未变化

6-2.4 混凝土柱的延性好坏主要取决于(　　)。

A. 混凝土强度等级

B. 纵向钢筋的数量

C. 箍筋的数量和形式

6-2.5　钢筋混凝土大偏心受压构件的破坏特征是(　　)。

A. 远离轴向力一侧的钢筋拉屈,随后另一侧钢筋压屈,混凝土被压碎

B. 远离轴向力一侧的钢筋应力不定,而另一侧钢筋压屈,混凝土被压碎

C. 靠近轴向力一侧的钢筋和混凝土应力不定,而另一侧受拉钢筋受拉屈服

6-2.6　矩形截面大偏心受压构件截面设计时要令 $x = \xi_b h_0$,这是为了(　　)。

A. 保证不发生小偏心受压破坏

B. 使钢筋用量最少

C. 保证破坏时,远离轴向一侧的钢筋应力能达到屈服强度

6-2.7　矩形截面小偏心受压构件截面设计时 A_s 可按最小配筋率及构造要求配置,这是为了(　　)。

A. 保证构件破坏时,A_s 的应力能达到屈服强度 f_y,以充分利用钢筋的抗拉作用

B. 保证构件破坏时,不是从 A_s 一侧先被压坏引起

C. 节约钢材用量,因为构件破坏时 A_s 的应力 σ_s 一般达不到屈服强度

6-2.8　柱内箍筋的作用有(　　)。

A. 固定纵筋　　B. 抵抗弯矩　　C. 抵抗剪力　　D. 抵抗压力　　E. 增加延性

6-2.9　大偏心受压构件,当 N 或 M 变化时对构件安全的影响(　　)。

A.M 不变时,N 越大越危险　　B.N 不变时,M 越大越危险

C.M 不变时,N 越小越危险　　D.N 不变时,M 越小越危险

6-2.10　小偏心受压构件,当 N 或 M 变化时对构件的安全影响(　　)。

A.M 不变时,N 越大越安全　　B.M 不变时,N 越小越安全

C.N 不变时,M 越大越安全　　D.N 不变时,M 越小越安全

6-2.11　对于对称配筋的钢筋混凝土受压柱,大小偏心受压构件的判别条件是(　　)。

A. $\xi \leqslant \xi_b$ 时为大偏心受压构件

B. $\eta e_0 > 0.3h_0$ 时为大偏心受压构件

C. $\xi > \xi_b$ 时为小偏心受压构件

6-2.12　一偏心受压截面尺寸为 $b \times h = 400\ \text{mm} \times 800\ \text{mm}$,$a_s = 40\ \text{mm}$,偏心距增大系数 $\eta = 1.0$,在不同的荷载作用情况下,其截面内力组合有以下两组,在计算配筋量时,确定每组中究竟是组合 a 还是组合 b 控制截面配筋量(弯矩 M 沿截面长边 h 方向作用)?(　　)

(1)组合 a:$N = 2\,000$ kN,$M = 400$ kN·m;组合 b:$N = 2\,000$ kN,$M = 300$ kN·m

(2)组合 a:$N = 2\,000$ kN,$M = 400$ kN·m;组合 b:$N = 2\,400$ kN,$M = 400$ kN·m

A. (1)组合 a,(2)组合 a　　B. (1)组合 a,(2)组合 b

C. (1)组合 b,(2)组合 a　　D. (1)组合 b,(2)组合 b

6-2.13　某对称配筋的矩形截面钢筋混凝土柱,截面尺寸为 $b \times h = 300\ \text{mm} \times 400$

mm，采用强度等级为C20的混凝土和HRB335级钢筋，设$\eta = 1.0$，该柱可能有下列两组内力组合，应该用(　　)来计算配筋。

A. $N = 695$ kN，$M = 182$ kN·m　　B. $N = 400$ kN，$M = 175$ kN·m

6-2.14　配筋适中的小偏心受压构件的破坏特征是(　　)。

A. 受拉破坏　　B. 受压破坏

C. 受拉钢筋的应力达到屈服极限　　D. 受压区混凝土和受拉钢筋同时破坏

6-2.15　若$\eta e_i > 0.3h_0$，下列情况可能出现受压破坏的是(　　)。

A. 已知A_s'求A_s时，A_s较小而N较大

B. 当A_s'、A_s均未知时，设$x = x_b$，计算得$A'_s < 0$

C. 截面尺寸较大，而N较小时

6-2.16　何种情况下令$x = x_b$来计算偏压构件？(　　)

A. $A_s \neq A_s'$且均未知的大偏心受压　　B. $A_s \neq A_s'$且均未知的小偏心受压

C. $A_s \neq A_s'$且已知A_s'时大偏心受压　　D. $A_s \neq A_s'$的小偏心受压

6-2.17　何种情况下令$A_s = \rho_{\min} bh_0$来计算偏压构件(　　)。

A. $A_s \neq A_s'$且均未知的大偏心受压　　B. $A_s \neq A_s'$而且均未知的小偏心受压

C. $A_s \neq A_s'$且已知A_s'的大偏心受压　　D. $A_s = A_s'$的小偏心受压

6-2.18　(　　)情况下可直接用x判别大小偏心受压。

A. 对称配筋时　　B. 不对称配筋时　　C. 对称与不对称配筋均可

6-2.19　矩形截面对称配筋，发生界限破坏时(　　)。

A. N_b随配筋率ρ增大而减少　　B. N_b随配筋率ρ减小而减少

C. N_b与ρ无关

6-2.20　计算现浇钢筋混凝土轴心受压构件时，若截面的长边或直径小于300 mm，一般应将(　　)。

A. 承载能力乘以0.8　　B. 混凝土的强度设计值乘以0.8

C. 纵向弯曲系数乘以0.8

6-2.21　钢筋混凝土对称配筋的偏心受压构件承载能力设计时，钢筋数量在(　　)。

A. N不变时，随着M的增大而增大　　B. N不变时，随着M的增大而减小

C. N不变时，不随M的变化而变化　　D. M不变时，随着N的增大而减小

6-2.1【答】C　6-2.2【答】B　6-2.3【答】A　6-2.4【答】C

6-2.5【答】A　6-2.6【答】B　6-2.7【答】C　6-2.8【答】A、C、E

6-2.9【答】B、C　6-2.10【答】B、D　6-2.11【答】A、C　6-2.12【答】B

6-2.13【答】A　6-2.14【答】B　6-2.15【答】A　6-2.16【答】A

6-2.17【答】B　6-2.18【答】A　6-2.19【答】C　6-2.20【答】B

6-2.21【答】A

三、判断题

6-3.1　截面尺寸、混凝土等级和配筋相同的长柱与短柱相比较，长柱破坏荷载小于短柱破坏荷载。(　　)

6-3.2　对于大偏心受压构件，当内力组合中 N 值越大越危险。(　　)

6-3.3　在轴心受压构件中，纵向弯曲的影响用系数 φ 来考虑，影响 φ 值的主要因素是构件的计算长度 l_0。(　　)

6-3.4　小偏心受压构件的破坏特征是受压区破坏或压应力较大的区域破坏。(　　)

6-3.5　偏心受压构件常采用矩形截面，截面长边布置在弯矩作用方向。(　　)

6-3.6　e_0/h_0 相等，仅改变 l_0/h 的偏压柱，l_0/h 增大时，将由材料破坏转变为失稳破坏。(　　)

6-3.7　偏心受压构件，只要发生材料破坏，一般受压钢筋 A'_s 总可达 f'_y。(　　)

6-3.8　偏压构件的大小偏压与受弯构件的适筋和超筋破坏界限是不相同的。(　　)

6-3.9　凡 $\eta e_i > 0.3h_0$ 的偏压构件，当 A_s 配置过多时，发生受拉破坏。(　　)

6-3.10　不论受拉或受压破坏，都要考虑偏心距增大系数 η。(　　)

6-3.11　不论受拉或受压破坏，都要考虑计算 e_a 后求 e_i。(　　)

6-3.1　【答】√

6-3.2　【答】×，改错：对于大偏心受压构件，当内力组合中 N 值越大越安全

6-3.3　【答】×，改错：影响 φ 值的主要因素是构件的长细比 l_0/b

6-3.4　【答】√

6-3.5　【答】√

6-3.6　【答】√

6-3.7　【答】×，改错：偏心受压构件，只要发生材料破坏，受压钢筋 A'_s 不一定都可达 f'_y，因为当 $x < 2a'_s$ 时，$\sigma'_s < f'_y$

6-3.8　【答】×，改错：偏压构件的大小偏压与受弯构件的适筋和超筋破坏界限是相同的。

6-3.9　【答】×，改错：$\eta e_i > 0.3h_0$ 的偏压构件，当 A_s 配置过多时，发生受压破坏

6-3.10　【答】√

6-3.11　【答】√

四、简答题

6-4.1　钢筋混凝土柱中配置纵向钢筋的作用是什么？对纵向受力钢筋的直径、根数和间距有什么要求？为什么要有这些要求？为什么对纵向钢筋要有最小配筋率的要求，其数值为多少？

【答】钢筋混凝土柱中配置纵向钢筋的作用在于：①提高构件的承载力，减小构件的截面尺寸；②抵抗因偶然偏心产生的弯曲应力；③提高混凝土的极限变形能力，改善构件破坏时的延性；④减小混凝土的收缩与徐变变形。为了增强钢筋骨架的刚度，减小钢筋在施工时的纵向弯曲及减少箍筋用量，受压构件宜采用较粗直径的钢筋，以便形成刚性较好的骨架。纵向受力钢筋的直径不宜小于 12 mm，一般在 16 ~ 32 mm 内选用。矩形截面受压构件中，纵向受力钢筋根数不得少于 4 根，以便与箍筋形成钢筋骨架。为便于浇筑混凝

土，纵向钢筋的净间距不应小于 50 mm，对水平放置浇筑的预制受压构件，其纵向钢筋的间距要求与梁相同。偏心受压构件中，垂直于弯矩作用平面的侧面上的纵向受力钢筋以及轴心受压构件中各边的纵向受力钢筋间距不宜大于 300 mm。为了施工方便和经济合理以及满足纵筋的构造要求，全部纵向钢筋配筋率不应小于 0.6%。

6-4.2　钢筋混凝土柱中配置箍筋的目的是什么？对箍筋的直径、间距有什么要求？在什么情况下要设置附加箍筋、附加纵筋？为什么不能采用内折角钢筋？

【答】钢筋混凝土柱中配置箍筋的目的是在施工时对纵向钢筋起固定作用，并且给纵向钢筋提供侧向支点，防止纵向钢筋受压弯曲而降低承载能力，同时在柱中也起到抵抗水平剪力和约束核心混凝土改善混凝土变形性能的作用。箍筋间距不应大于 400 mm 及构件截面短边尺寸，且不应大于纵向钢筋的最小直径的 15 倍；箍筋直径不应小于纵向钢筋最大直径的 1/4，且不应小于 6 mm；当柱中全部纵向受力钢筋的配筋率大于 3% 时，箍筋直径不应小于 8 mm，间距不应大于纵向钢筋的最小直径的 10 倍，且不应大于 200 mm；箍筋末端应做成 135°弯钩且弯钩末端平直段长度不应小于箍筋直径的 10 倍。当柱截面短边尺寸大于 400 mm 且各边纵向钢筋多于 3 根时，或当柱截面短边尺寸不大于 400 mm，但各边纵向钢筋多于 4 根时，应设置复合箍筋。对于截面形状复杂的柱，为避免产生向外的拉力致使折角处的混凝土破损，不可采用具有内折角的箍筋，而应采用分离式箍筋。

6-4.3　轴心受压柱的破坏特征是什么？长柱和短柱的破坏特点有何不同？计算中如何考虑长柱的影响？

【答】轴心受压柱的破坏特征是：当荷载较小时，变形的增加与外力的增长成正比；当荷载较大时，变形增加的速度快于外力增加的速度，纵筋配筋量越少，这种现象就越明显。随着压力的继续增加，柱中开始出现细微裂缝，当达到极限荷载时，细微裂缝发展成明显的纵向裂缝，随着压应变的增长，这些裂缝将相互贯通，箍筋间的纵筋发生压屈，混凝土被压碎而整个柱子破坏。在这个过程中，混凝土的侧向膨胀将向外挤推纵筋，使纵筋在箍筋之间呈灯笼状向外受压屈服。在实际工程中，轴心受压构件是不存在的，荷载的微小初始偏心不可避免，这对轴心受压短柱的承载能力无明显影响，但对于长柱则不容忽视。长柱加载后，由于初始偏心距将产生附加弯矩，而这个附加弯矩产生的水平挠度又加大了原来的初始偏心距，这样相互影响的结果使长柱最终在弯矩和轴力共同作用下发生破坏。破坏时，受压一侧往往产生较大的纵向裂缝，箍筋之间的纵筋向外压屈，构件高度中部的混凝土被压碎；而另一侧混凝土则被拉裂，在构件高度中部产生若干条以一定间距分布的水平裂缝，对于长细比很大的长柱，还可能发生失稳破坏。试验表明，长柱的破坏荷载 N_u^l 低于其他条件相同的短柱的破坏荷载 N_u^s。《结构规范》中采用稳定系数来表示长柱承载力降低的程度 φ，即 $\varphi = N_u^l / N_u^s$。

6-4.4　试分析轴心受压柱受力过程中，纵向受压钢筋和混凝土由于混凝土徐变和随荷载不断增加的应力变化规律。

【答】轴心受压柱在逐级加载过程中，由于钢筋和混凝土之间存在着黏结力，因此纵向钢筋与混凝土共同变形，二者压应变相等，压应变沿构件长度基本是均匀的。通过测量纵筋的应变值，可以换算出纵筋的应力值。根据力的平衡条件，可以算得相应混凝土的应力，即 $\sigma'_s = E_s \varepsilon'_s$；$\sigma_c = (N - \sigma'_s A'_s)/A_c$。$\sigma'_s$，$\sigma_c$ 分别为纵筋和混凝土的压应力值；A'_s，A_c 分别为纵筋和混凝土的截面面积；ε'_s 为量测到的纵筋压应变值；E_s 为纵筋弹性模量；N 为在柱顶施加的轴向力。当荷载很小(弹性阶段)时，N 与 σ'_s 及 σ_c 的关系基本呈线性，混凝土和钢筋均处于弹性阶段，基本上没有塑性变形。此时，钢筋应力 σ'_s 与混凝土应力 σ_c 成正比。随着荷载的增加，混凝土的塑性变形有所发展(弹塑性阶段)，变形模量由弹性模量 E_c 降低为 νE_c，在相同的荷载增量上，钢筋的压应力比混凝土的压应力增加得快一些。钢筋和混凝土的应力关系为 $\dfrac{\sigma'_s}{E_s}=\dfrac{\sigma_c}{E'_c}=\dfrac{\sigma_c}{\nu E_c}$，$\sigma'_s=\dfrac{E_s\sigma_c}{\nu E_c}=\dfrac{\alpha_E\sigma_c}{\nu}$。$\alpha_E$ 为钢筋与混凝土弹性模量的比值，$\alpha_E=\dfrac{E_s}{E_c}$；$\nu$ 为混凝土的弹性系数。若构件在加载后荷载维持不变，由于混凝土的徐变作用，混凝土和钢筋应力还会发生变化，随着荷载持续时间的增加，混凝土的压应力增加逐渐变小，钢筋的压应力增加逐渐变大，一开始变化较快，经过一定时间(约 150 d)后，逐渐趋于稳定。混凝土应力变化幅度较小，而钢筋应力变化幅度较大。若在持续荷载过程中突然卸载，构件将回弹。由于混凝土的徐变变形大部分不可恢复，在荷载为零的条件下，使钢筋受压、混凝土受拉，自相平衡。如果纵向配筋率过高，还可能使混凝土的拉应力达到抗拉强度后而开裂。若重复加载到原数值，则钢筋和混凝土的应力仍按原曲线变化。

6-4.5　轴心受压柱在什么情况下混凝土压应力能达到 f_c，钢筋压应力也能达到 f'_y？而在什么情况下混凝土压应力能达到 f_c 时钢筋压应力却达不到 f'_y？

【答】当所用钢筋级别较低($f_y \leqslant 400\ \text{N/mm}^2$)时，轴心受压柱在破坏时混凝土压应力能达到 f_c，钢筋压应力也能达到 f'_y；当所用钢筋级别较高($f_y > 400\ \text{N/mm}^2$)时，混凝土压应力能达到 f_c 而钢筋压应力却达不到 f'_y。

6-4.6　配置间接钢筋柱承载力提高的原因是什么？若用矩形加密箍筋能否达到同样效果？为什么？

【答】配置间接钢筋柱承载力提高的原因是间接钢筋能在构件四周设置横向约束，以阻止受压构件的这种横向扩张，使核心混凝土处于三向受压状态，就能显著地提高构件抗压承载能力和变形能力，比一般矩形钢筋柱有更大的承载力和变形能力(或延性)。用矩形加密箍筋不能达到同样效果，矩形箍筋的水平肢的侧向抗弯刚度很弱，无法对核心混凝土形成有效的约束，只有箍筋的四个角才能通过向内的起拱作用对一部分混凝土形成有限的约束。

6-4.7　间接钢筋柱的适用条件是什么？为何限制这些条件？

【答】间接钢筋柱的适用条件是：当轴心受压构件承受的轴向压力较大，同时其截面尺寸由于建筑上或使用功能上的要求受到限制时，若按配有纵筋和普通箍筋的柱来计算，即使提高混凝土强度等级和增加纵筋用量仍不能满足承载力计算要求，可考虑采用配有螺旋式或焊接环式箍筋柱，以提高构件承载能力。由于这种柱的施工比较复杂，造价较高，用钢量较大，一般不宜普遍采用。

6-4.8　偏心受压构件的长细比对构件的破坏有什么影响？

【答】偏心受压构件在长细比较小的情况下，纵向弯曲效应可以忽略，偏心距保持不变，截面的弯矩与轴力呈线性关系，沿直线达到破坏点，破坏属于材料破坏；在长细比大的情况下，纵向弯曲效应非常明显，当轴向力达到一定值时，由于纵向弯曲引起的偏心距急剧增大，微小的轴力分量可引起不收敛的弯矩分量，导致构件侧向失稳破坏。在初始偏心距相同的情况下，不同的长细比，偏心受压构件所能承受的极限压力是不同的，长细比越大，纵向弯曲效应越明显，轴力越小。

6-4.9　钢筋混凝土柱大、小偏心受压破坏有何本质区别？大、小偏心受压的界限是什么？截面设计时如何判断？截面校核时如何判断？

【答】钢筋混凝土柱大偏心受压破坏时，远离纵向力一侧的钢筋先受拉屈服，近纵向力一侧的混凝土被压碎，因此又称受拉破坏，其破坏特征与混凝土双筋截面适筋梁的破坏相似，属于延性破坏。对于小偏心受压，其破坏特征都是构件截面一侧混凝土的应变达到极限压应变，混凝土被压碎，另一侧的钢筋可能受拉也可能受压，但钢筋均达不到屈服。这种破坏特征与双筋截面的超筋梁类似，无明显的破坏预兆，属脆性破坏。由于构件破坏起因于混凝土压碎，所以也称受压破坏。大、小偏心受压破坏的界限是受拉钢筋应力达到屈服强度，与受压区边缘混凝土的应变达到极限压应变同时发生的破坏为界限破坏，所以将界限破坏时的相对受压区高度作为大、小偏心受压的界限（$\xi = \xi_b$）。从截面的应变分布分析，要保证受拉钢筋先达到屈服强度，相对受压区高度必须满足$\xi \leqslant \xi_b$的条件。截面设计时，A_s'和A_s均未知，受压区高度ξ也未知，因此可近似按下面的方法进行初步判别：当$\eta e_i \leqslant 0.3h_0$时，为小偏心受压；当$\eta e_i > 0.3h_0$时，可按大偏心受压计算。截面校核时，按大偏心受压的计算应力图形，用所有的力对N_u取矩，建立方程求x，当$x \leqslant \xi_b h_0$时，可按大偏心受压公式校核；反之，如果$x > \xi_b h_0$，要按小偏心受压的计算应力图形，重新用所有的力对N_u取矩，建立方程求x，再用小偏心受压的计算公式对截面进行校核。

6-4.10　为什么有时虽然偏心距很大，也会出现小偏心受压破坏？为什么在小偏心受压的情况下，有时要验算反向偏心受压的承载力？如何进行验算？

【答】判别两种偏心受压类别的基本条件是：$\xi \leqslant \xi_b$为大偏心受压，$\xi > \xi_b$为小偏心受压。即使偏心距很大但受拉钢筋配筋很多，极限破坏时受拉钢筋可能达不到屈服，构件仍发生受压破坏，即小偏心受压破坏。因为偏心距很小时，有可能造成实际重心偏移，破坏由A_s侧发生，所以有时要验算反向偏心受压的承载力。《结构规范》规定，对采用非对称配筋的小偏心受压构件，当轴向压力设计值$N > f_c bh$时，为防止A_s发生受压破坏，A_s应满足$Ne' \leqslant N_u e' = \alpha_1 f_c bh(h'_0 - \frac{h}{2}) + f_y' A_s(h'_0 - a_s)$和$e' = \frac{h}{2} - a_s' - (e_0 - e_a)$的要求。按反向受压破坏计算时，不考虑偏心距增大系数η，并取初始偏心距$e_i = e_0 - e_a$，这是考虑了不利方向的附加偏心距。按这样考虑计算的e'增大，从而使A_s用量增加，偏于安全。

6-4.11　偏心受压构件正截面承载力计算中的设计弯矩与基本计算公式中的Ne是否相同？Ne的物理意义是什么？

【答】偏心受压构件正截面承载力计算中的设计弯矩$M = Ne_0$与基本公式中的Ne不同。Ne的物理意义为受压区混凝土合力和受压钢筋合力分别向受拉钢筋合力点取矩的弯矩之和，它考虑了构件发生弯曲后对承载力的影响。

6-4.12　在偏心受压构件承载力计算中，为什么要考虑偏心距增大系数η的影响？

【答】在偏心受压构件承载力计算中，为考虑二阶弯矩对偏心受压构件的影响，确定极限状态下临界截面的实际偏心距和弯矩,引用偏心距增大系数 η 求临界截面的偏心距。

6-4.13　为什么要考虑附加偏心距？附加偏心距 e_a 是如何取值的？

【答】由于工程实际中存在着荷载作用位置的不定性、混凝土质量的不均匀性及施工的偏差等因素,都可能产生附加偏心距 e_a ,其值取偏心方向截面尺寸的1/30和20 mm中的较大者。

6-4.14　在计算大偏心受压构件的配筋时,什么情况下假定 $\xi = \xi_b$？当求得的 $A'_s \leqslant 0$ 或 $A_s \leqslant 0$ 时,应如何处理？当 A'_s 为已知时,是否也可假定 $\xi = \xi_b$ 求 A_s？什么情况下会出现 $\xi < 2a'/h_0$？此时如何求钢筋面积？

【答】在计算大偏心受压构件的配筋时:当受压钢筋 A'_s 及受拉钢筋 A_s 均未知的情况下可假定 $\xi = \xi_b$,当求得的 $A'_s \leqslant 0$ 或 $A_s \leqslant 0$,取 A_s 和 A'_s 为 $\rho_{\min} bh$;当 A'_s 为已知时,不可假定 $\xi = \xi_b$ 求 A_s ;当受压钢筋应力达不到屈服时,$\xi < 2a_s'/h_0$,此时可近似取 $x = 2a_s'$,用所有的力对 A'_s 合力作用点取矩,求出 A_s 。

6-4.15　小偏心受压构件中远离纵向力一侧的钢筋可能有几种受力状态？

【答】小偏心受压构件当偏心距较小时,远离纵向力一侧的钢筋受拉但不屈服;当偏心距很小时,远离纵向力一侧的钢筋受压但不屈服。

6-4.16　为什么偏心受压构件一般采用对称配筋截面？对称配筋的偏心受压构件如何判别大、小偏心受压？

【答】在工程设计中,考虑各种荷载的组合,偏心受压构件承受变号弯矩的作用,如果变号弯矩数值接近,为了构造简单,避免施工错误,一般采用对称配筋截面。对称配筋的偏心受压构件一般根据 x 来判别大、小偏心受压。当 $x \leqslant \xi_b h_0$ 时,为大偏心受压构件;当 $x > \xi_b h_0$时,为小偏心受压构件。

6-4.17　对偏心受压构件除应计算弯矩作用平面的受压承载力外,尚应按轴心受压构件验算垂直于弯矩作用平面的承载力,而一般认为实际上只有小偏心受压才有必要进行此项验算,为什么？

【答】对大、小偏心受压构件通过分析可知, M 与 N 为二次函数关系,当截面处于大偏心受压状态时,随着 N 的增大, M 也将增大,当截面处于小偏心受压状态时,随着 N 的增大, M 反而减小。对于大偏心受压构件,破坏始于受拉钢筋屈服,若满足弯矩作用平面的承载力要求,则轴心受压也满足;对于小偏心受压构件,破坏始于受压区混凝土的压碎,即为脆性破坏,产生破坏的因素中轴向压力作用较为明显,故需验算轴向受压承载力。

6-4.18　工字形截面偏心受压构件与矩形截面偏心受压构件的正截面承载力计算方法相比有何特点？其关键何在？

【答】因工字形截面偏心受压构件的正截面破坏特征与矩形截面相似,同样存在大偏心受压和小偏心受压两种破坏形式,故计算方法基本相似,区别只在于对工字形截面需考虑受压翼缘的作用,受压区截面形状一般较为复杂。对于工字形截面,大偏心受压时:当 $x \leqslant h'_f$ 时,受压区为矩形,整个截面相当于宽度为 b'_f 的矩形截面;当 $x > h'_f$ 时,受压区为T形,需考虑翼缘和部分腹板的混凝土共同受压。当受压区高度 $x > \xi_b h_0$ 时,属于小偏心受压。按 x 的不同,也可分为两类:当 $x \leqslant h - h_f$ 时,受压区为T形;当 $x > h - h_f$ 时,受压区为工字形。其关键在于受压混凝土的截面形状。

6-4.19　在进行工字形截面对称配筋的计算过程中,截面类型是根据什么来区分的?具体如何判别?

【答】在进行工字形截面对称配筋计算过程中,当截面受压区高度 $x \leqslant \xi_b h_0$,属于大偏心受压:当 $x \leqslant h'_f$ 时,截面受压区为矩形,适用条件为 $x \geqslant 2a'_s$,当 $x > h'_f$ 时,截面受压区为T形,适用条件为 $x \leqslant \xi_b h_0$。当截面受压区高度 $x > \xi_b h_0$ 时,属于小偏心受压:当 $x \leqslant h - h_f$ 时,截面受压区为T形,当 $x > h - h_f$ 时,截面受压区为工字形,适用条件为 $x < h$。

6-4.20　当根据轴力的大小来判别截面类型时,若 $\alpha_1 f_c[\xi_b b h_0 + (b'_f - b)h'_f] \geqslant N \geqslant \alpha_1 f_c b'_f h'_f$,表明中和轴处于什么位置?此时如何确定实际的受压区高度,如何计算受压区混凝土的应力之合力,又如何考虑钢筋的应力?

【答】若满足 $\alpha_1 f_c[\xi_b b h_0 + (b'_f - b)h'_f] \geqslant N \geqslant \alpha_1 f_c b'_f h'_f$,中和轴位于腹板内,满足上述条件,说明构件是中和轴位于腹板内的大偏心受压构件,受压区为T形,此时受压区高度 $x = \dfrac{N - \alpha_1 f_c(b'_f - b)h'_f}{\alpha_1 f_c b}$,受压区混凝土的应力之和 $S_c = \alpha_1 f_c b x + \alpha_1 f_c(b'_f - b)h'_f$,受压钢筋应力按屈服应力计算。

6-4.21　若完全根据公式计算,是否会出现 $x \geqslant h$ 的情况?这种情况表明了什么?实际设计时,如何对待并处理这种情况?

【答】若完全根据公式计算,会出现 $x \geqslant h$ 的情况。当 $x \geqslant h$ 时,表明全截面受压,这时有可能会出现实际重心发生偏移,应考虑附加偏心距 e_a 与 e_0 反向对 A_s 的不利影响,不计偏心距增大系数,取初始偏心距 $e_i = e_0 - e_a$,则 $A_s = \dfrac{N[0.5h - a'_s - (e_0 - e_a)] - \alpha_1 f_c[bh + (b'_f - b)h'_f + (b_f - b)h_f](0.5h - a'_s)}{f'_y(h_0 - a'_s)}$,如果按上式计算出的面积大于最小配筋率的要求,则按计算值选配钢筋;反之,按最小配筋率选配钢筋。然后再按小偏压计算公式计算 A'_s。

6-4.22　偏心受压构件的 $M \sim N$ 相关曲线说明了什么?偏心距的变化对构件的承载力有什么影响?

【答】偏心受压构件 $M \sim N$ 相关曲线说明:①偏心受压构件的极限承载力 M 与 N 之间是互为相关的。当截面处于大偏心受压状态时,随着 N 的增大,M 也增大;当截面处于小偏心受压状态时,随着 N 的增大,M 反而减小。②对于某一构件,当其截面尺寸、配筋情况及材料强度均为给定时,构件受弯承载力 M 与受压承载力 N 可以存在不同的组合,曲线上任意一点的坐标均代表了截面处于承载力极限状态的一种 M 与 N 的内力组合,构件可以在不同的 M 与 N 的组合下达到其承载力极限状态。③任意给定的内力组合(M, N)是否会使截面达到某种承载力极限状态,可以从该组合在图中所代表的点与曲线之间的相对位置关系来考察。当一个截面承受一定的组合内力作用时,达到极限状态时的配筋率,并非单独取决于 M 或 N 的大小,而是从根本上取决于截面的破坏状态及偏心距的大小。当截面处于大偏心受压状态时,偏心距越大,则其所需的抗弯能力越高,从而配筋量也将会越多;当截面处于小偏心受压状态时,偏心距越小,则其所需的抗压能力越高,从而配筋量也将会增多。

6-4.23　有两个对称配筋的大偏心受压柱,其截面尺寸相同,均为 $b \times h$ 的矩形截面,

l_0 也相同。但所承受的轴向力 N 和弯矩 M 大小不同:(a)柱承受 N_1、M_1;(b)柱承受 N_2、M_2。试指出:

(1)当 $N_1 = N_2$ 而 $M_1 > M_2$ 时,(a)及(b)截面中哪个截面所需配筋较多?

(2)当 $M_1 = M_2$ 而 $N_1 > N_2$ 时,(a)及(b)截面中哪个截面所需配筋较多?

为什么?

【答】(1)当 $N_1 = N_2$ 而 $M_1 > M_2$ 时,截面(a)所需配筋较多。

(2)当 $M_1 = M_2$ 而 $N_1 > N_2$ 时,截面(b)所需配筋较多。

可以根据 $M \sim N$ 相关曲线判断,对于大偏心受压构件,当轴力一定时,弯矩越大越危险;弯矩一定时,轴力越小越危险。

6-4.24　轴向压力对钢筋混凝土偏心受力构件的受剪承载力有何影响?它在计算公式中是如何反映的?

【答】轴向力对偏心受力构件的斜截面承载力会产生一定的影响。轴向力能够阻止构件斜裂缝的出现和发展,使混凝土剪压区高度增大,提高了混凝土承担剪力的能力,从而使构件的受剪承载力有所提高。试验研究表明:当 $N < 0.3f_cbh$ 时,轴向压力 N 所引起的构件受剪承载力的增量 ΔV_N 会随 N 的增大而几乎成比例地增大;当 $N > 0.3f_cbh$ 时,ΔV_N 将不再随 N 的增大而增大。因此,轴向压力对偏心受力构件的受剪承载力具有有利的作用,但其作用效果是有限的。矩形、T 形和工字形截面斜截面承载力的计算公式为 $V \leqslant V_u = \dfrac{1.75}{\lambda + 1}f_tbh_0 + f_{yv}\dfrac{A_{sv}}{s}h_0 + 0.07N$。其中:$V$ 为构件控制截面的剪力设计值;N 为与剪力设计值 V 相应的轴向压力设计值,当 $N > 0.3f_cA$ 时取 $N = 0.3f_cA$,此处 A 为构件的截面面积;λ 为偏心受压构件计算截面的剪跨比。

6-4.25　受压构件的受剪承载力计算公式的适用条件是什么?如何防止发生其他形式的破坏?

【答】受压构件的斜截面受剪承载力计算公式的适用条件如同受弯构件斜截面受剪承载力计算公式的适用条件。为防止发生其他形式的破坏,可设置弯起钢筋和箍筋加密区。

五、计算题

6-5.1　某多层房屋现浇钢筋混凝土框架的底层中柱,处于一类环境,截面尺寸 $b \times h = 350\ \text{mm} \times 350\ \text{mm}$,计算长度 $l_0 = 5\ \text{m}$,轴向力设计值 $N = 1\ 600\ \text{kN}$,混凝土采用 C30,纵向钢筋采用 HRB400 级钢筋,试进行截面配筋设计。

【解】本题属于截面设计问题。

(1)基本设计参数。

查附表 4 和附表 7 可知:C30 混凝土 $f_c = 14.3\ \text{N/mm}^2$;HRB400 级钢筋 $f'_y = 360\ \text{N/mm}^2$。

由 $l_0/b = 5 \times 10^3/350 = 14.3$,利用内插法求得:

$$\varphi = 0.925$$

(2)配筋计算。

由轴压构件承载力计算公式得:

$$A_s' = \frac{\frac{N}{0.9\varphi} - f_c A}{f_y'} = \frac{\frac{1\ 600 \times 10^3}{0.9 \times 0.925} - 14.3 \times 350 \times 350}{360} = 472.70(\text{mm}^2)$$

(3)选配钢筋。

选配纵筋4 Φ 16,实配纵筋面积为804 mm²,$\rho' = A_s'/A = 804/(350 \times 350) = 0.656\%$,满足最小配筋要求,箍筋按构造配筋,选用Φ 8@250。

6-5.2　某多层房屋现浇钢筋混凝土框架的底层中柱,处于一类环境,截面尺寸 $b \times h = 400\ \text{mm} \times 400\ \text{mm}$,配有8 Φ 20的HRB335级钢筋。混凝土采用C20,计算长度 $l_0 = 7$ m,试确定该柱承受的轴向力 N_u 为多少?

【解】本题属于截面复核问题。

(1)基本设计参数。

查附表4和附表7可知:C20混凝土 $f_c = 9.6\ \text{N/mm}^2$;HRB335级钢筋 $f_y' = 300\ \text{N/mm}^2$。

由 $l_0/b = 7 \times 10^3/400 = 17.5$ 利用内插法求得:

$$\varphi = 0.825$$

(2)配筋率验算和承载力计算:

$$\rho' = A_s'/A = 2\ 513/160\ 000 = 1.57\% > \rho_{\min} = 0.6\%$$

故满足最小配筋要求。

由公式得:

$$N_u = 0.9\varphi(f_c A + f_y' A_s') = 0.9 \times 0.825 \times (9.6 \times 400 \times 400 + 300 \times 2\ 513)$$
$$= 1\ 700.25 \times 10^3(\text{N}) = 1\ 700.3\ \text{kN}$$

故该柱能承受的轴向压力 $N_u = 1\ 700.3$ kN。

6-5.3　已知某建筑底层门厅内现浇钢筋混凝土圆形柱,处于一类环境,直径 $d = 450$ mm,承受轴心压力设计值 $N = 3\ 060$ kN,从基础顶面至二层楼面高度为5.4 m。混凝土强度等级为C30,柱中采用HRB335级钢筋,配置为6 Φ 25,螺旋箍筋用HPB235级钢筋,求螺旋箍筋的间距和直径。

【解】本题属于截面设计问题。

(1)基本设计参数。

查附表4和附表7可知:C30混凝土 $f_c = 14.3\ \text{N/mm}^2$;HRB335级钢筋 $f_y' = 300\ \text{N/mm}^2$;HPB235级钢筋 $f_{yv} = 210\ \text{N/mm}^2$。查附表10,一类环境,$c = 30$ mm,假定螺旋箍筋直径为12 mm,则 $A_{ss1} = 113.1\ \text{mm}^2$。

混凝土核心截面直径为:

$$d_{cor} = 450 - 2 \times (30 + 12) = 366(\text{mm})$$

混凝土核心截面面积为:

$$A_{cor} = \frac{\pi d_{cor}^2}{4} = \frac{3.14 \times 366^2}{4} = 105\ 155.5(\text{mm}^2)$$

(2)螺旋箍筋配筋计算。

由公式得:

$$A_{sso}=\frac{N/0.9-(f_cA_{cor}+f_y'A_s')}{2\alpha f_y}=\frac{3\ 060\times10^3/0.9-(14.3\times105\ 155.5+300\times2\ 945)}{2\times1.0\times210}$$

$$=2\ 411.4(\text{mm}^2)$$

因 $A_{sso}>0.25A_s'=0.25\times2\ 945=736.3(\text{mm}^2)$，满足要求。

$$s=\frac{\pi d_{cor}A_{ss1}}{A_{sso}}=\frac{3.14\times366\times113.1}{2\ 411.4}=53.9(\text{mm})$$

取 $s=50$ mm，满足 40 mm $<s<$ 80 mm，且不超过 $0.2d_{cor}=0.2\times366=73.2(\text{mm})$ 的要求，则：

$$A_{sso}=\frac{\pi d_{cor}A_{ss1}}{s}=\frac{3.14\times366\times113.1}{50}=2\ 599.6(\text{mm}^2)$$

按公式计算，有：

$$N_u=0.9(f_cA_{cor}+f_y'A_s'+2\alpha f_yA_{sso})$$

$$=0.9\times(14.3\times105\ 115.5+300\times2\ 945+2\times1.0\times210\times2\ 599.6)$$

$$=3\ 130.6\times10^3(\text{N})=3\ 130.6\ \text{kN}>N=3\ 060(\text{kN})$$

$$N=0.9\varphi(f_cA+f_y'A_s')=0.9\times0.92\times(14.3\times\frac{3.14\times450^2}{4}+300\times2\ 945)$$

$$=2\ 613.7\times10^3(\text{N})=2\ 613.7\ \text{kN}$$

$$N_u/N=3\ 130.6/2\ 613.7=1.2<1.5$$

故满足设计要求，配螺旋箍筋直径 12 mm，间距 50 mm。

6-5.4　已知某矩形截面柱，处于一类环境，截面尺寸 $b\times h=300\ \text{mm}\times600\ \text{mm}$，轴向力设计值 $N=600$ kN，弯矩设计值为 $M=260\ \text{kN}\cdot\text{m}$，计算长度 6 m，选用 C30 混凝土和 HRB335 级钢筋，求截面纵向配筋。

【解】本题属于截面设计问题。

（1）基本设计参数。

查附表 4 和附表 7 及表 4.2、表 4.3 可知：C30 混凝土 $f_c=14.3\ \text{N/mm}^2$；HRB335 级钢筋 $f_y=f'_y=300\ \text{N/mm}^2$；$\alpha_1=1.0$，$\xi_b=0.55$。查附表 10，一类环境，$c=30$ mm，则 $a_s=a'_s=c+d/2=30+20/2=40(\text{mm})$，有：

$$h_0=h-a_s=600-40=560(\text{mm})$$

$l_0/b=6\ 000/300=20$，利用内插法求得：$\varphi=0.75$。

（2）计算 ηe_i，判断截面类型：

$$e_0=\frac{M}{N}=\frac{260\ 000}{600}=433(\text{mm})$$

由于 $$\frac{l_0}{h}=\frac{6\ 000}{600}=10>5$$

故需要考虑纵向弯曲影响。

$$e_a=\max(\frac{h}{30},20)=20\ \text{mm},e_i=e_0+e_a=430+20=450(\text{mm})$$

$$\zeta_1=\frac{0.5f_cbh}{N}=\frac{0.5\times14.3\times300\times600}{600\ 000}=2.145>1.0,\text{取}\ \zeta_1=1.0$$

$$\zeta_2 = 1.15 - 0.01\frac{l_0}{h} = 1.15 - 0.01 \times 10 = 1.05 > 1.0, \text{取} \zeta_2 = 1.0$$

$$\eta = 1 + \frac{1}{1\,400\frac{e_i}{h_0}}\left(\frac{l_0}{h}\right)^2\zeta_1\zeta_2 = 1 + \frac{1}{1\,400 \times \frac{450}{560}} \times 10^2 \times 1.0 \times 1.0 = 1.09$$

$$\eta e_i = 1.09 \times 450 = 490.5(\text{mm}) > 0.3h_0 = 168 \text{ mm}$$

故可先按大偏心受压构件进行计算。

(3)配筋计算。

为了配筋最经济,使 $A_s + A_s'$ 最小,令 $\xi = \xi_b$。

$$e = \eta e_i + \frac{h}{2} - a_s = 490.5 + 300 - 40 = 750.5(\text{mm})$$

将上述参数代入公式得:

$$A_s' = \frac{Ne - \alpha_1 f_c b\xi_b h_0^2(1 - 0.5\xi_b)}{f_y'(h_0 - a_s')}$$

$$= \frac{600 \times 10^3 \times 750.5 - 1.0 \times 14.3 \times 300 \times 0.55 \times 560^2 \times (1 - 0.5 \times 0.55)}{300 \times (560 - 40)} < 0$$

取 $A_s' = \rho'_{\min} bh = 0.002 \times 300 \times 600 = 360(\text{mm}^2)$。

选2 Φ 16 为受压钢筋($A_s' = 402 \text{ mm}^2$),满足构造要求。将 $A_s' = 402 \text{ mm}^2$ 代入公式得:

$$\alpha_s = \frac{Ne - f_y'A_s'(h_0 - a_s')}{\alpha_1 f_c bh_0^2} = \frac{600 \times 10^3 \times 750.5 - 300 \times 402 \times (560 - 40)}{1.0 \times 14.3 \times 300 \times 560^2} = 0.288$$

$$\xi = 1 - \sqrt{1 - 2\alpha_s} = 1 - \sqrt{1 - 2 \times 0.288} = 0.349 < \xi_b = 0.55$$

$$\xi h_0 = 0.349 \times 560 = 195.44(\text{mm}) > 2a_s' = 80 \text{ mm}$$

故符合适用条件。

$$A_s = \frac{\alpha_1 f_c b\xi h_0 + f_y'A'_s - N}{f_y} = \frac{1.0 \times 14.3 \times 300 \times 0.349 \times 560 + 300 \times 402 - 600\,000}{300}$$

$$= 1\,196.8(\text{mm}^2)$$

选配4 Φ 20 为受拉钢筋($A_s = 1\,257 \text{ mm}^2$)。

(4)轴向受压承载力验算:

$$N_u = 0.9\varphi(f_c A + f_y'A_s' + f_y A_s) = 0.9 \times 0.75 \times (14.3 \times 300 \times 600 + 300 \times 402 + 300 \times 1\,257)$$

$$= 2\,073.4 \times 10^3(\text{N}) = 2073.4 \text{ kN} > 600 \text{ kN}$$

故承载力满足要求。

6-5.5　已知某矩形截面柱,处于一类环境,截面尺寸为 $b \times h = 400 \text{ mm} \times 400 \text{ mm}$,计算长度3 m,轴力设计值 $N = 350$ kN,作用点偏心距 $e_0 = 150$ mm,计算长度为4 m,选用C25 混凝土和 HRB335 级钢筋,求截面纵向配筋。

【解】本题属于截面设计问题。

(1)基本设计参数。

查附表4 和附表7 及表4.2、表4.3 可知:C25 混凝土 $f_c = 11.9 \text{ N/mm}^2$;HRB335 级钢

筋 $f_y = f'_y = 300\ \text{N/mm}^2$；$\alpha_1 = 1.0$，$\xi_b = 0.55$。查附表 10，一类环境，$c = 30$ mm，则 $a_s = a'_s = c + d/2 = 30 + 20/2 = 40(\text{mm})$，$h_0 = h - a_s = 400 - 40 = 360(\text{mm})$。

$l_0/b = 3\,000/400 = 7.5 < 8$，利用内插法求得 $\varphi = 1.0$。

(2)计算 ηe_i，判断截面类型。

由于 $\dfrac{l_0}{h} = \dfrac{3\,000}{400} = 7.5 > 5$，故需要考虑纵向弯曲影响。

$$e_a = \max(\frac{h}{30},20) = 20\ \text{mm},\ e_i = e_0 + e_a = 150 + 20 = 170(\text{mm})$$

$$\zeta_1 = \frac{0.5f_c bh}{N} = \frac{0.5 \times 11.9 \times 400 \times 400}{350\,000} = 2.72 > 1.0，取\ \zeta_1 = 1.0$$

$$\zeta_2 = 1.15 - 0.01\frac{l_0}{h} = 1.15 - 0.01 \times 7.5 = 1.075 > 1.0，取\ \zeta_2 = 1.0$$

$$\eta = 1 + \frac{1}{1\,400\dfrac{e_i}{h_0}}(\frac{l_0}{h})^2\zeta_1\zeta_2 = 1 + \frac{1}{1\,400 \times \dfrac{170}{360}} \times 7.5^2 \times 1.0 \times 1.0 = 1.085$$

$$\eta e_i = 1.085 \times 170 = 184.5(\text{mm}) > 0.3h_0 = 108\ \text{mm}$$

故可先按大偏心受压构件进行计算。

(3)配筋计算。

为了配筋最经济，使 $A_s + A'_s$ 最小，令 $\xi = \xi_b$。

$$e = \eta e_i + \frac{h}{2} - a_s = 184.5 + 200 - 40 = 344.5(\text{mm})$$

将上述参数代入公式得：

$$A'_s = \frac{Ne - \alpha_1 f_c b\xi_b h_0^2(1 - 0.5\xi_b)}{f'_y(h_0 - a'_s)}$$

$$= \frac{350 \times 10^3 \times 344.5 - 1.0 \times 11.9 \times 400 \times 0.55 \times 360^2 \times (1 - 0.5 \times 0.55)}{300 \times (360 - 40)} < 0$$

取 $A'_s = \rho'_{\min} bh = 0.002 \times 400 \times 400 = 320(\text{mm}^2)$。

选 3 Φ 12 为受压钢筋（$A'_s = 339\ \text{mm}^2$），满足构造要求。将 $A'_s = 339\ \text{mm}^2$ 代入公式得：

$$\alpha_s = \frac{Ne - f'_y A'_s(h_0 - a'_s)}{\alpha_1 f_c b h_0^2} = \frac{350 \times 10^3 \times 344.5 - 300 \times 339 \times (360 - 40)}{1.0 \times 11.9 \times 400 \times 360^2} = 0.143$$

$$\xi = 1 - \sqrt{1 - 2\alpha_s} = 1 - \sqrt{1 - 2 \times 0.143} = 0.155 < \xi_b = 0.55$$

$$\xi h_0 = 0.155 \times 360 = 55.8(\text{mm}) < 2a'_s = 80\ \text{mm}$$

所以受压钢筋不屈服，用所有的力向受压钢筋的合力作用点取矩得：

$$A_s = \frac{Ne'}{f_y(h_0 - a_s)} = \frac{N(\eta e_i - h/2 + a'_s)}{f_y(h_0 - a_s)} = \frac{350 \times 10^3 \times (184.5 - 200 + 40)}{300 \times (360 - 40)}$$

$$= 89.5(\text{mm}^2) < \rho_{\min} bh = 320\ \text{mm}^2$$

故取 $A_s = \rho_{\min} bh = 320\ \text{mm}^2$。选配 3 Φ 12 为受拉钢筋（$A_s = 339\ \text{mm}^2$）。

(4)轴向受压承载力验算：

$$N_u = 0.9\varphi(f_cA + f'_yA'_s + f_yA_s) = 0.9 \times 1.0 \times (11.9 \times 400 \times 400 + 300 \times 339 + 300 \times 339)$$

$$= 1\ 897 \times 10^3(\text{N}) = 1\ 897\ \text{kN} > 350\ \text{kN}$$

故轴向受压承载力满足要求。

6-5.6　在6-5.5题中，若已知近纵向压力一侧配受压钢筋 $A'_s = 600\ \text{mm}^2$，其他条件不变，求另一侧的纵向钢筋。

【解】本题属于截面设计问题。

(1)基本设计参数。

查附表4和附表7及表4.2、表4.3可知：C25混凝土 $f_c = 11.9\ \text{N/mm}^2$；HRB335级钢筋 $f_y = f'_y = 300\ \text{N/mm}^2$；$\alpha_1 = 1.0$，$\xi_b = 0.55$。查附表10，一类环境，$c = 30$ mm，则 $a_s = a'_s = c + d/2 = 30 + 20/2 = 40(\text{mm})$，$h_0 = h - a_s = 400 - 40 = 360(\text{mm})$。

由 $l_0/b = 3\ 000/400 = 7.5 < 8$，利用内插法求得：$\varphi = 1.0$。

(2)计算 ηe_i，判断截面类型。

由于 $\dfrac{l_0}{h} = \dfrac{3\ 000}{400} = 7.5 > 5$，故需要考虑纵向弯曲影响。

$$e_a = \max(\frac{h}{30}, 20) = 20\ \text{mm}, e_i = e_0 + e_a = 150 + 20 = 170(\text{mm})$$

$$\zeta_1 = \frac{0.5f_cbh}{N} = \frac{0.5 \times 11.9 \times 400 \times 400}{350\ 000} = 2.72 > 1.0, \text{取}\ \zeta_1 = 1.0$$

$$\zeta_2 = 1.15 - 0.01\frac{l_0}{h} = 1.15 - 0.01 \times 7.5 = 1.075 > 1.0, \text{取}\ \zeta_2 = 1.0$$

则 $$\eta = 1 + \frac{1}{1\ 400\dfrac{e_i}{h_0}}(\frac{l_0}{h})^2\zeta_1\zeta_2 = 1 + \frac{1}{1\ 400 \times \dfrac{170}{360}} \times 7.5^2 \times 1.0 \times 1.0 = 1.085$$

$$\eta e_i = 1.085 \times 170 = 184.5(\text{mm}) > 0.3h_0 = 108\ \text{mm}$$

故可先按大偏心受压构件进行计算。

(3)配筋计算：

$$e = \eta e_i + \frac{h}{2} - a_s = 184.5 + 200 - 40 = 344.5(\text{mm})$$

在受压一侧所配钢筋面积为：$A'_s = 600\ \text{mm}^2$，将 $A'_s = 600\ \text{mm}^2$ 代入公式得：

$$\alpha_s = \frac{Ne - f'_yA'_s(h_0 - a'_s)}{\alpha_1 f_cbh_0^2} = \frac{350 \times 10^3 \times 344.5 - 300 \times 600 \times (360 - 40)}{1.0 \times 11.9 \times 400 \times 360^2} = 0.102$$

$$\xi = 1 - \sqrt{1 - 2\alpha_s} = 1 - \sqrt{1 - 2 \times 0.102} = 0.108 < \xi_b = 0.55$$

$$\xi h_0 = 0.108 \times 360 = 38.9(\text{mm}) < 2a'_s = 80\ \text{mm}$$

即受压钢筋不屈服，将所有的力向受压钢筋和受压混凝土的合力作用点取矩得：

$$A_s = \frac{Ne'}{f_y(h_0 - a_s)} = \frac{N(\eta e_i - h/2 + a'_s)}{f_y(h_0 - a_s)} = \frac{350 \times 10^3 \times (184.5 - 200 + 40)}{300 \times (360 - 40)}$$

$$= 89.5(\text{mm})^2 < \rho_{\min}bh = 0.002 \times 400 \times 400 = 320(\text{mm}^2)$$

故取 $A_s = \rho_{\min}bh = 320\ \text{mm}^2$。选配3 Φ 12为受拉钢筋($A_s = 339\ \text{mm}^2$)。

(4)轴向受压承载力验算：

$$N_u = 0.9\varphi(f_cA + f'_yA'_s + f_yA_s) = 0.9 \times 1.0 \times (11.9 \times 400 \times 400 + 300 \times 600 + 300 \times 339)$$

$$= 2\ 185.7\ \text{kN} > 350\ \text{kN}$$

故轴向受压承载力满足要求。

6-5.7　已知某矩形截面柱，处于一类环境，截面尺寸 $b \times h = 400\ \text{mm} \times 500\ \text{mm}$，计算长度4.5 m，轴力设计值 $N = 800\ \text{kN}$，选用 C25 混凝土和 HRB400 级钢筋，截面配筋为 $A_s = 942\ \text{mm}^2$，$A'_s = 762\ \text{mm}^2$，求该构件在高度方向能承受的设计弯矩。

【解】本题属于截面复核问题。

(1)基本设计参数。

查附表 4 和附表 7 及表 4.2、表 4.3 可知：C25 混凝土 $f_c = 11.9\ \text{N/mm}^2$；HRB400 级钢筋 $f_y = f'_y = 360\ \text{N/mm}^2$；$\alpha_1 = 1.0$，$\xi_b = 0.52$。查附表 10，一类环境，$c = 30$ mm，则 $a_s = a'_s = c + d/2 = 30 + 20/2 = 40(\text{mm})$，$h_0 = h - a_s = 500 - 40 = 460(\text{mm})$。

(2)判断截面类型。

由公式得：

$$x = \frac{N - f'_yA'_s + f_yA_s}{\alpha_1 f_c b} = \frac{800\ 000 - 360 \times 762 + 360 \times 942}{1.0 \times 11.9 \times 400} = 181.68(\text{mm})$$

$$2a'_s = 80\ \text{mm} < x < \xi_b h_0 = 0.52 \times 460 = 239.2(\text{mm})$$

故为大偏心受压构件，且破坏时受压钢筋达到屈服强度。

(3)计算 ηe_i，求 M_u。

由于 $\frac{l_0}{h} = \frac{4\ 500}{500} = 9 > 5$，故需要考虑纵向弯曲影响。

$$e_a = \max(\frac{h}{30}, 20) = 20\ \text{mm}$$

$$\zeta_1 = \frac{0.5f_cbh}{N} = \frac{0.5 \times 11.9 \times 400 \times 500}{800\ 000} = 1.49 > 1.0，取 \zeta_1 = 1.0$$

$$\zeta_2 = 1.15 - 0.01\frac{l_0}{h} = 1.15 - 0.01 \times 9 = 1.06 > 1.0，取 \zeta_2 = 1.0$$

由公式得：

$$e = \frac{f'_yA'_s(h_0 - a'_s) + \alpha_1 f_cbx(h_0 - \frac{x}{2})}{N}$$

$$= \frac{360 \times 762 \times (460 - 40) + 1.0 \times 11.9 \times 400 \times 181.68 \times (460 - \frac{181.68}{2})}{800 \times 10^3}$$

$$= 543(\text{mm})$$

由公式得：

$$\eta e_i = e - \frac{h}{2} + a_s = 543 - \frac{500}{2} + 40 = 333(\text{mm})$$

$$\eta e_i = \left[1 + \frac{1}{1\,400\frac{e_i}{h_0}}\left(\frac{l_0}{h}\right)^2\zeta_1\zeta_2\right]e_i = \left(1 + \frac{1}{1\,400 \times \frac{e_i}{460}} \times 9^2 \times 1.0 \times 1.0\right)e_i = 333(\text{mm})$$

解得

$$e_i = 306.39 \text{ mm}$$

$$e_0 = e_i - e_a = 306.39 - 20 = 286.39(\text{mm})$$

$$M_u = Ne_0 = 800 \times 0.286 = 228.8(\text{kN}\cdot\text{m})$$

即构件在高度方向能承受的设计弯矩值为228.8 kN·m。

6-5.8　题6-5.7中其他条件不变，轴力设计值变为2 100 kN，截面采用对称配筋，$A'_s = A_s = 1\,152 \text{ mm}^2$，求该构件在高度方向能承受的设计弯矩。

【解】本题属于截面复核问题。

(1)基本设计参数。

查附表4和附表7及表4.2、表4.3可知：C25混凝土$f_c = 11.9 \text{ N/mm}^2$；HRB400级钢筋$f_y = f'_y = 360 \text{ N/mm}^2$；$\alpha_1 = 1.0, \xi_b = 0.52$。查附表10，一类环境，$c = 30$ mm，则$a_s = a'_s = c + d/2 = 30 + 20/2 = 40(\text{mm})$，$h_0 = h - a_s = 500 - 40 = 460(\text{mm})$。

(2)判断截面类型。

先按大偏心受压计算，由公式得：

$$x = \frac{N - f'_yA'_s + f_yA_s}{\alpha_1 f_c b} = \frac{2\,100 \times 10^3 - 360 \times 1\,152 + 360 \times 1\,152}{1.0 \times 11.9 \times 400}$$

$$= 441.18(\text{mm}) > \xi_b h_0 = 198 \text{ mm}$$

故实际为小偏心受压构件。

(3)验算垂直于弯矩作用平面的轴心受压承载力。

$l_0/b = 4\,500/400 = 11.25$，利用内插法可得：$\varphi = 0.957\,5$。

$$N_u = 0.9\varphi(f_cA + f'_yA'_s + f_yA_s) = 0.9 \times 0.957\,5 \times (11.9 \times 400 \times 500 + 360 \times 1\,152 \times 2)$$

$$= 2\,766(\text{kN}) > 2\,100 \text{ kN}$$

故轴心受压承载力满足要求。

(4)计算ηe_i，求M_u。

由式(6-25)和式(6-29)得：

$$\frac{x}{h_0} = \frac{N - f'_yA'_s - \frac{0.8}{\xi_b - 0.8}f_yA_s}{\alpha_1 f_c bh_0 - \frac{1}{\xi_b - 0.8}f_yA_s}$$

$$= \frac{2\,100 \times 10^3 - 360 \times 1\,152 - \frac{0.8}{0.52 - 0.8} \times 360 \times 1\,152}{1 \times 11.9 \times 400 \times 460 - \frac{1}{0.52 - 0.8} \times 360 \times 1\,152} = 0.782$$

$$x = 0.782 \times 460 = 359.72(\text{mm}) < \xi_{cy}h_0$$

$$e = \frac{\alpha_1 f_c bx(h_0 - 0.5x) + f'_sA'_s(h_0 - a'_s)}{N}$$

$$= \frac{1.0 \times 11.9 \times 400 \times 359.72 \times (460 - 0.5 \times 359.72) + 360 \times 1\,152 \times (460 - 40)}{2\,100 \times 10^3}$$

$$= 311.36(\text{mm})$$

$$\eta e_i = e - \frac{h}{2} + a_s = 311.36 - 250 + 40 = 101.36(\text{mm})$$

$$\zeta_1 = \frac{0.5 f_c bh}{N} = \frac{0.5 \times 11.9 \times 400 \times 500}{2\,100 \times 10^3} = 0.57, \zeta_2 = 1.0$$

$$e_a = \max(\frac{h}{30}, 20) = 20 \text{ mm}$$

由 $\eta e_i = [1 + \frac{1}{1\,400 \frac{e_i}{h_0}}(\frac{l_0}{h})^2 \zeta_1 \zeta_2] e_i = 101.36(\text{mm})$，解得：$e_i = 86.19$ mm 。

$$e_0 = e_i - e_a = 86.19 - 20 = 66.19(\text{mm})$$

$$M_u = 2\,100 \times 66.19 \times 10^{-3} = 139(\text{kN} \cdot \text{m})$$

故截面能够承受的弯矩设计值为 139 kN · m。

6-5.9 某工字形截面柱，处于一类环境，截面尺寸 $b \times h = 80$ mm $\times 700$ mm，$b_f = b_f' = 360$ mm，$h_f = h_f' = 112$ mm，计算长度 $l_0 = 6.0$ m，截面控制内力设计值 $M = 250$ kN · m，$N = 400$ kN，选用 C25 混凝土和 HRB335 级钢筋，试按对称配筋原则确定该柱的纵向钢筋用量。

【解】本题属于截面设计问题。

(1)基本设计参数。

查附表 4 和附表 7 及表 4.2、表 4.3 可知：C25 混凝土 $f_c = 11.9$ N/mm^2；HRB335 级钢筋 $f_y = f_y' = 300$ N/mm^2；$\alpha_1 = 1.0$，$\beta_1 = 0.8$，$\xi_b = 0.55$。查附表 10，一类环境，$c = 30$ mm，则 $a_s = a_s' = c + d/2 = 30 + 20/2 = 40(\text{mm})$，$h_0 = h - a_s = 700 - 40 = 660(\text{mm})$。

(2)计算 ηe_i：

$$e_0 = \frac{M}{N} = \frac{250\,000}{400} = 625(\text{mm}), 5 < \frac{l_0}{h} = \frac{6\,000}{700} = 8.57 < 15$$

$$e_a = \max(\frac{h}{30}, 20) = 23.33 \text{ mm}, e_i = e_0 + e_a = 625 + 23.33 = 648.33(\text{mm})$$

$$A = bh + 2(b_f' - b)h_f' = 80 \times 700 + 2 \times (360 - 80) \times 112 = 118\,720(\text{mm}^2)$$

$$\zeta_1 = \frac{0.5 f_c A}{N} = \frac{0.5 \times 11.9 \times 118\,720}{400\,000} = 1.77 > 1.0, \text{取} \zeta_1 = 1.0$$

$$\zeta_2 = 1.15 - 0.01 \frac{l_0}{h} = 1.15 - 0.01 \times 8.57 = 1.06 > 1.0, \text{取} \zeta_2 = 1.0$$

$$\eta = 1 + \frac{1}{1\,400 \frac{e_i}{h_0}}(\frac{l_0}{h})^2 \zeta_1 \zeta_2 = 1 + \frac{1}{1\,400 \times \frac{648.33}{660}} \times 8.57^2 \times 1.0 \times 1.0 = 1.053$$

$$\eta e_i = 1.053 \times 648.33 = 682.69(\text{mm}) > 0.3h_0 = 198 \text{ mm}$$

(3)判断截面类型：

$$\alpha_1 f_c b'_f h'_f = 1.0 \times 11.9 \times 360 \times 112 = 479.8 \times 10^3 (\text{N}) = 479.8\ \text{kN} > N = 400\ \text{kN}$$

该截面为中和轴在翼缘内的大偏心受压工字形截面，按式(6-49)和式(6-50)计算。

(4)确定受压区高度，检验适用条件：

$$x = \frac{N}{\alpha_1 f_c b'_f} = \frac{400 \times 10^3}{1.0 \times 11.9 \times 360} = 93.4(\text{mm}) < h'_f = 112\ \text{mm 且}\ x > 2a'_s = 80\ \text{mm}$$

故满足适用条件。

(5)截面配筋计算：

$$e = \eta e_i + \frac{h}{2} - a_s = 682.69 + 350 - 40 = 999.69(\text{mm})$$

$$A_s = A'_s = \frac{Ne - \alpha_1 f_c b'_f (h_0 - 0.5x)}{f'_y (h_0 - a'_s)}$$

$$= \frac{400 \times 10^3 \times 999.69 - 1.0 \times 11.9 \times 360 \times (660 - 0.5 \times 93.4)}{300 \times (660 - 40)}$$

$$= 2\ 135.75(\text{mm}^2)$$

检验配筋率 $A_s = A'_s > 0.002A = 0.002 \times 118\ 720 = 237.44(\text{mm}^2)$，符合要求。

查附表 16，实配受拉钢筋和受压钢筋均为 6 Φ 22（$A'_s = A_s = 2\ 281\ \text{mm}^2$）。

6-5.10　某工字形截面柱，处于一类环境，截面尺寸 $b \times h = 100\ \text{mm} \times 600\ \text{mm}$，$b_f = b'_f = 400\ \text{mm}$，$h_f = h'_f = 112\ \text{mm}$，计算长度 $l_0 = 7.6\ \text{m}$，截面控制内力设计值 $M = 150\ \text{kN} \cdot \text{m}$，$N = 650\ \text{kN}$，选用 C25 混凝土和 HRB335 级钢筋，试按对称配筋原则确定该柱的纵向钢筋用量。

【解】本题属于截面设计问题。

(1)基本设计参数。

查附表 4 和附表 7 及表 4.2、表 4.3 可知：C25 混凝土 $f_c = 11.9\ \text{N/mm}^2$；HRB335 级钢筋 $f_y = f'_y = 300\ \text{N/mm}^2$；$\alpha_1 = 1.0$，$\beta_1 = 0.8$，$\xi_b = 0.55$。查附表 10，一类环境，$c = 30\ \text{mm}$，则 $a_s = a'_s = c + d/2 = 30 + 20/2 = 40(\text{mm})$，$h_0 = h - a_s = 600 - 40 = 560(\text{mm})$。

(2)计算 ηe_i：

$$e_0 = \frac{M}{N} = \frac{150\ 000}{650} = 231(\text{mm}), 5 < \frac{l_0}{h} = \frac{7\ 600}{600} = 12.7 < 15.0$$

$$e_a = \max(\frac{h}{30}, 20) = 20\ \text{mm}, e_i = e_0 + e_a = 231 + 20 = 251(\text{mm})$$

$$A = bh + 2(b'_f - b)h'_f = 100 \times 600 + 2 \times (400 - 100) \times 112 = 127\ 200(\text{mm}^2)$$

$$\zeta_1 = \frac{0.5 f_c A}{N} = \frac{0.5 \times 11.9 \times 127\ 200}{650\ 000} = 1.16 > 1.0, \text{取}\ \zeta_1 = 1.0$$

$$\zeta_2 = 1.15 - 0.01\frac{l_0}{h} = 1.15 - 0.01 \times 12.7 = 1.02 > 1.0, \text{取}\ \zeta_2 = 1.0$$

$$\eta = 1 + \frac{1}{1\ 400\frac{e_i}{h_0}}(\frac{l_0}{h})^2 \zeta_1 \zeta_2 = 1 + \frac{1}{1\ 400 \times \frac{251}{560}} \times 12.7^2 \times 1.0 \times 1.0 = 1.257$$

$$\eta e_i = 1.257 \times 251 = 315.51(\text{mm}) > 0.3h_0 = 168 \text{ mm}$$

(3)判断截面类型：

$$\alpha_1 f_c b_f' h_f' = 1.0 \times 11.9 \times 400 \times 112 = 533.1 \times 10^3(\text{N}) = 533.1 \text{ kN} < N = 650 \text{ kN}$$

$$\alpha_1 f_c[\xi_b b h_0 + (b_f' - b)h_f'] = 1.0 \times 11.9 \times [0.55 \times 100 \times 560 + (400 - 100) \times 112]$$

$$= 766.36 \times 10^3(\text{N}) = 766.36 \text{ kN} > N = 650 \text{ kN}$$

该截面为中和轴通过腹板的大偏心受压工字形截面，按式(6-61)和式(6-62)计算。

(4)确定受压区高度，检验适用条件：

$$x = \frac{N - \alpha_1 f_c (b_f' - b)h_f'}{\alpha_1 f_c b} = \frac{650 \times 10^3 - 1.0 \times 11.9 \times (400 - 100) \times 112}{1.0 \times 11.9 \times 100}$$

$$= 210.22(\text{mm}) > h_f' = 112 \text{ mm}$$

且 $$x < \xi_b h_0 = 0.55 \times 560 = 308(\text{mm})$$

故满足适用条件。

(5)截面配筋计算：

$$e = \eta e_i + \frac{h}{2} - a_s = 315.51 + 300 - 40 = 575.51(\text{mm})$$

$$A_s = A_s' = \frac{Ne - \alpha_1 f_c b(h_0 - 0.5x) - \alpha_1 f_c (b_f' - b)h_f'(h_0 - \frac{h_f'}{2})}{f_y'(h_0 - a_s')}$$

$$= \frac{650 \times 10^3 \times 575.51 - 1.0 \times 11.9 \times 400 \times (560 - 0.5 \times 210.22)}{300 \times (560 - 40)} - \frac{1.0 \times 11.9 \times (400 - 100) \times 112 \times (560 - 112/2)}{300 \times (560 - 40)}$$

$$= 1\,092.29(\text{mm}^2)$$

检验配筋率 $A_s = A_s' > 0.002A = 0.002 \times 127\,200 = 254.4(\text{mm}^2)$，符合要求。

查附表16，实配受拉钢筋和受压钢筋均为3 Φ 22（$A_s' = A_s = 1\,140 \text{ mm}^2$）。

6-5.11　对于题6-5.10，若轴力设计值改为770 kN，而其他条件均不变，则其纵向钢筋用量又如何？

【解】本题属于截面设计问题。

(1)基本设计参数。

查附表4和附表7及表4.2、表4.3可知：C25混凝土 $f_c = 11.9 \text{ N/mm}^2$；HRB335级钢筋 $f_y = f_y' = 300 \text{ N/mm}^2$；$\alpha_1 = 1.0$，$\beta_1 = 0.8$，$\xi_b = 0.55$。查附表10，一类环境，$c = 30$ mm，则 $a_s = a_s' = c + d/2 = 30 + 20/2 = 40(\text{mm})$，$h_0 = h - a_s = 600 - 40 = 560(\text{mm})$。

(2)计算 ηe_i：

$$e_0 = \frac{M}{N} = \frac{150\,000}{770} = 194.8(\text{mm}), 5 < \frac{l_0}{h} = \frac{7\,600}{600} = 12.7 < 15.0$$

$$e_a = \max(\frac{h}{30}, 20) = 20 \text{ mm}, e_i = e_0 + e_a = 194.8 + 20 = 214.8(\text{mm})$$

$$A = bh + 2(b_f' - b)h_f' = 100 \times 600 + 2 \times (400 - 100) \times 112 = 127\,200(\text{mm}^2)$$

$$\zeta_1 = \frac{0.5f_cA}{N} = \frac{0.5 \times 11.9 \times 127\ 200}{770\ 000} = 0.983$$

$$\zeta_2 = 1.15 - 0.01\frac{l_0}{h} = 1.15 - 0.01 \times 12.7 = 1.02 > 1.0，取\ \zeta_2 = 1.0$$

$$\eta = 1 + \frac{1}{1\ 400\frac{e_i}{h_0}}(\frac{l_0}{h})^2\zeta_1\zeta_2 = 1 + \frac{1}{1\ 400 \times \frac{214.8}{560}} \times 12.7^2 \times 0.983 \times 1.0 = 1.295$$

$$\eta e_i = 1.295 \times 214.8 = 278.17(\text{mm}) > 0.3h_0 = 168\ \text{mm}$$

(3)判断截面类型：

$$\alpha_1 f_c[\xi_b bh_0 + (b_f' - b)h_f'] = 1.0 \times 11.9 \times [0.55 \times 100 \times 560 + (400 - 100) \times 112]$$
$$= 766.36 \times 10^3(\text{N}) = 766.36\ \text{kN} < N = 770\ \text{kN}$$

该截面为小偏心受压工字形截面，应先按小偏心计算 x 。

(4)确定受压区高度 x ，检验适用条件：

$$e = \eta e_i + \frac{h}{2} - a_s = 278.17 + 300 - 40 = 538.17(\text{mm})$$

$$\xi = \frac{N - \alpha_1 f_c[\xi_b bh_0 + (b_f' - b)h_f']}{\frac{Ne - \alpha_1 f_c[0.43bh_0^2 + (b_f' - b)h_f'(h_0 - 0.5h_f')]}{(\beta_1 - \xi_b)(h_0 - d_s)} + \alpha_1 f_c bh_0} + \xi_b$$

$= \{770 \times 10^3 - 1.0 \times 11.9 \times [0.55 \times 100 \times 560 + (400 - 100) \times 112]\}/\{770 \times 10^3 \times 538.17/(0.8 - 0.55)(560 - 40) - 1.0 \times 11.9 \times [0.43 \times 100 \times 560^2 + (400 - 100) \times 112 \times (560 - 0.5 \times 112)]/(0.8 - 0.55)(560 - 40) + 1.0 \times 11.9 \times 100 \times 560\} + 0.55$
$= 0.553$

$$x = \xi h_0 = 0.553 \times 560 = 309.7(\text{mm}) > \xi_b h_0$$
$$= 0.55 \times 560 = 308(\text{mm}) < h - h_f = 600 - 100 = 500(\text{mm})$$

满足中和轴在腹板内的小偏心受压适用条件。

(5)截面配筋计算：

$$A_s = A_s' = \frac{Ne - \alpha_1 f_c x(h_0 - 0.5x) - \alpha_1 f_c(b_f' - b)h_f'(h_0 - h_f'/2)}{f_y'(h_0 - a_s')}$$

$$= \frac{770 \times 10^3 \times 538.17 - 1.0 \times 11.9 \times 309.7 \times (560 - 0.5 \times 309.7)}{300 \times (560 - 40)} - \frac{1.0 \times 11.9 \times (400 - 100) \times 112 \times (560 - 112/2)}{300 \times (560 - 40)}$$

$$= 1\ 350.89(\text{mm}^2)$$

检验配筋率 $A_s = A_s' > 0.002A = 0.002 \times 127\ 200 = 254.4(\text{mm}^2)$，符合要求。

查附表 16，实配受拉钢筋和受压钢筋均为 2 Φ 22 +2 Φ 20($A_s' = A_s = 1\ 388\ \text{mm}^2$)。

6-5.12 钢筋混凝土框架结构中的一矩形截面偏心受压柱，处于一类环境，截面尺寸 $b \times h = 400\ \text{mm} \times 600\ \text{mm}$，柱净高 $H_n = 4.8\ \text{m}$，计算长度 $l_0 = 6.3\ \text{m}$，选用 C25 混凝土，纵向钢筋选用 HRB335 级钢筋，箍筋选用 HPB235 级钢筋，截面控制内力设计值 $M = 420\ \text{kN} \cdot \text{m}$，$N = 1\ 250\ \text{kN}$，$V = 350\ \text{kN}$。试采用对称配筋方案，对该柱进行配筋计算并绘制配筋截

面施工图。

【解】本题属于截面设计问题。

(1)基本设计参数。

查附表4和附表7及表4.2、表4.3可知：C25混凝土$f_c = 11.9\ N/mm^2$，$f_t = 1.27\ N/mm^2$；HRB335级钢筋$f_y = f'_y = 300\ N/mm^2$；HPB235级钢筋$f_y = 210\ N/mm^2$；$\alpha_1 = 1.0$，$\xi_b = 0.55$。查附表10，一类环境，$c = 30$ mm，则$a_s = a'_s = c + d/2 = 30 + 20/2 = 40(mm)$，$h_0 = h - a_s = 600 - 40 = 560(mm)$。

由$l_0/b = 6\ 300/400 = 15.75$，利用内插法可得：$\varphi = 0.88$。

(2)判断截面类型：

$$x = \frac{N}{\alpha_1 f_c b} = \frac{1\ 250 \times 10^3}{1 \times 11.9 \times 400} = 262.61(mm) < \xi_b h_0 = 0.55 \times 560 = 308(mm)$$

故构件为大偏心受压。

(3)计算ηe_i：

$$e_0 = \frac{M}{N} = \frac{420\ 000}{1\ 250} = 336(mm)$$

由于$\frac{l_0}{h} = \frac{6\ 300}{600} = 10.5 > 5$，故需考虑纵向弯曲影响。

$$e_a = \max(\frac{h}{30}, 20) = 20\ mm,\ e_i = e_0 + e_a = 336 + 20 = 356(mm)$$

$$\zeta_1 = \frac{0.5 f_c bh}{N} = \frac{0.5 \times 11.9 \times 400 \times 600}{1\ 250\ 000} = 1.14 > 1.0, 取\zeta_1 = 1.0$$

$$\zeta_2 = 1.15 - 0.01\frac{l_0}{h} = 1.15 - 0.01 \times 10.5 = 1.05 > 1.0, 取\zeta_2 = 1.0$$

$$\eta = 1 + \frac{1}{1\ 400\frac{e_i}{h_0}}(\frac{l_0}{h})^2\zeta_1\zeta_2 = 1 + \frac{1}{1\ 400 \times \frac{356}{560}} \times 10.5^2 \times 1.0 \times 1.0 = 1.12$$

$$\eta e_i = 1.12 \times 356 = 398.7(mm) > 0.3h_0 = 168\ mm$$

(4)纵向受力钢筋配筋计算：

$$x = \frac{N}{\alpha_1 f_c b} = \frac{1\ 250 \times 10^3}{1.0 \times 11.9 \times 400} = 262.61(mm) > 2a'_s = 80\ mm$$

$$e = \eta e_i + \frac{h}{2} - a_s = 398.7 + 300 - 40 = 658.7(mm)$$

则可得：

$$A'_s = \frac{Ne - \alpha_1 f_c bx(h_0 - 0.5x)}{f'_y(h_0 - a'_s)}$$

$$= \frac{1\ 250 \times 10^3 \times 658.7 - 1.0 \times 11.9 \times 400 \times 262.61 \times (560 - 0.5 \times 262.61)}{300 \times (560 - 40)}$$

$$= 1\ 843(mm^2) > \rho'_{min}bh = 0.002 \times 400 \times 500 = 480(mm^2)$$

查附表16，实配受拉钢筋和受压钢筋均为3 Φ 28 ($A'_s = A_s = 1\ 847\ mm^2$)。

(5)轴向受压承载力验算：

$$N_u = 0.9\varphi(f_cA + f'_yA'_s + f_yA_s) = 0.9 \times 0.88 \times (11.9 \times 400 \times 600 + 300 \times 1\,847 \times 2)$$

$$= 3\,139.6 \times 10^3(\text{N}) = 3\,139.6\ \text{kN} > 1\,250\ \text{kN}$$

故轴向受压承载力满足要求。

(6)箍筋配筋计算及验算：

$$\lambda = \frac{H_n}{2h_0} = \frac{4\,800}{2 \times 560} = 4.29 > 3,\text{取}\ \lambda = 3$$

$$0.3f_cA = 0.3 \times 11.9 \times 400 \times 600 = 856\,800(\text{N}) = 856.8\ \text{kN} < 1\,250\ \text{kN}$$

取 $N = 856\,800$ N。

$$V_c = \frac{1.75}{\lambda + 1}f_tbh_0 + 0.07N = \frac{1.75}{3 + 1} \times 1.27 \times 400 \times 560 + 0.07 \times 856\,800$$

$$= 184.4 \times 10^3(\text{N}) = 184.4\ \text{kN} < V = 350\ \text{kN}$$

故仅按构造要求配置箍筋不能满足要求，需按计算配置必要的箍筋。

$$\frac{nA_{sv1}}{s} = \frac{V - V_c}{f_{yv}h_0} = \frac{350\,000 - 184\,400}{210 \times 560} = 1.41(\text{mm}^2/\text{mm})$$

选取双肢箍筋，$n = 2$，直径 $d = 8$ mm，$A_{sv1} = 50.3\ \text{mm}^2$，则 $s \approx 70$ mm，满足 $s \leqslant \min\{400, 15d, b\} = 400$ mm 的构造要求，箍筋配置为双肢Φ 8@70，截面配筋图如图 6-1 所示。

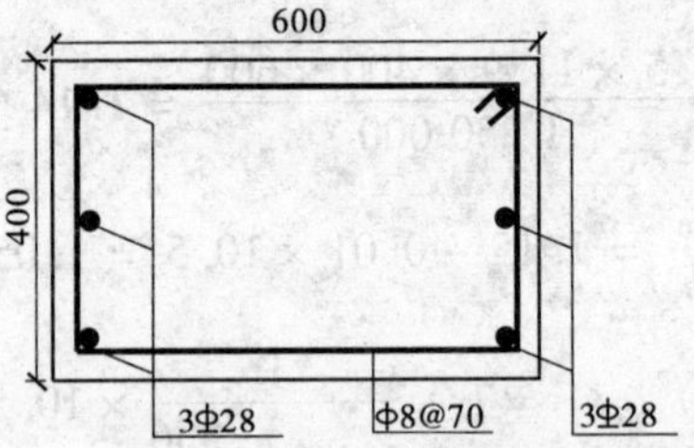

图 6-1　梁配筋图

第七章　钢筋混凝土受拉构件承载力计算

本章要点

本章主要介绍受拉构件的分类和受力特征，矩形截面偏拉构件的正截面承载力计算和斜截面承载力计算。要求学生掌握轴心受拉构件的受力全过程、破坏形态、正截面受拉承载力的计算方法与配筋的主要构造要求，掌握偏心受拉构件的受力全过程、两种破坏形态的特征以及矩形截面偏心受拉构件正截面受拉承载力的计算方法与配筋的主要构造要求，熟悉偏心受拉构件斜截面受剪承载力的计算。

一、填空题

7-1.1　钢筋混凝土小偏心受拉构件破坏时全截面______，拉力全部由______承担。

7-1.2　在钢筋混凝土偏心受拉构件中，当纵向力 N 作用在 A_s 的外侧时，截面虽开裂，但仍然有__________存在，这类情况称为______________。

7-1.3　钢筋混凝土大偏心受拉构件正截面承载力计算公式的适用条件是______和__________，如果出现 $x<2a_s'$ 的情况说明__________，此时可假定__________。

7-1.4　钢筋混凝土偏心受拉构件，轴向力的存在__________混凝土的抗剪承载力。因此，钢筋混凝土偏心受拉构件的斜截面抗剪承载力要__________同样情况下的受弯构件斜截面抗剪承载力。

7-1.1　【答】受拉，钢筋

7-1.2　【答】压应力、大偏心受拉构件

7-1.3　【答】$x \leqslant \xi_b h_0$、$x \geqslant 2a_s'$，$A_s \geqslant \rho_{\min} bh$，$A_s'$ 不会受压屈服、$x = 2a_s'$

7-1.4　【答】降低、小于

二、选择题

7-2.1　大偏心受拉构件设计时，若已知 A_s'，计算出 $\xi > \xi_b$，则表明（　　）。

A. A_s' 过多　　B. A_s' 过少　　C. A_s 过多

7-2.2　大偏心受拉构件的破坏特征与（　　）构件类似。

A. 受剪　　B. 大偏心受压　　C. 小偏心受压

7-2.3　在小偏心受拉构件设计中，计算出的钢筋用量为（　　）。

A. $A_s > A_s'$　　B. $A_s < A_s'$　　C. $A_s = A_s'$

7-2.4　大偏心受拉构件的截面计算中，如果计算出的 $A_s' < 0$，A_s' 可按构造要求配置，而后再计算 A_s，若此时计算出现 $x < 2a_s'$ 的情况，说明（　　）。

A. A_s' 的应力达不到屈服强度

B. A_s' 过少,需要加大

C. A_s 的应力达不到屈服强度

7-2.1【答】B　7-2.2【答】B　7-2.3【答】A　7-2.4【答】A

三、简答题

7-3.1　轴心受拉构件的受拉钢筋用量是按什么条件确定的?

【答】轴心受拉构件的受拉钢筋用量是按承载能力极限状态建立的公式计算确定的。

7-3.2　大、小偏心受拉构件的界限是什么?这两种受拉构件的受力特点和破坏形态有何不同?

【答】大、小偏心受拉构件的界限是构件截面上是否存在受压区,当偏心距 $e_0 \leqslant h_0/2 - a_s$ 时,属于小偏心受拉构件;当偏心距 $e > h_0/2 - a_s$ 时,属于大偏心受拉构件。当纵向拉力 N 作用在 A_s 合力点与 A_s' 合力点之间时,构件全截面混凝土裂通,仅由钢筋 A_s 和 A'_s 提供的拉力 $A_s f_y$ 和 $A_s' f_y'$ 与轴向拉力 N 平衡,构件的破坏取决于 A_s 和 A_s' 的抗拉强度,这类情况称为小偏心受拉。当纵向拉力 N 作用在 A_s 外侧时,构件截面 A_s 一侧受拉,A_s' 一侧受压,截面部分开裂但不会裂通,构件的破坏取决于 A_s 的抗拉强度或混凝土受压区的抗压能力,这类情况称为大偏心受拉。

7-3.3　小偏心受拉构件的截面用钢量随偏心距如何变化?

【答】当轴向拉力 N 作用于 A_s 合力点及 A_s' 合力点以内($e_0 \leqslant \dfrac{h}{2} - a_s$)时发生小偏心受拉破坏,由 $Ne' \leqslant f_y A_s(h_0 - a_s)$ 和 $Ne \leqslant f_y A'_s(h_0 - a'_s)$ 、$e' = h/2 - a'_s + e_0$ 和 $e = h/2 - a_s - e_0$ 知,小偏心受拉构件随偏心距 e_0 减小,A_s 减小,A_s' 增大;反之亦然。

7-3.4　截面尺寸、材料强度均相同的大偏心受拉构件与受弯构件,若承受的弯矩一样,它们的受拉钢筋用量是否一样?为什么?

【答】截面尺寸、材料强度均相同的大偏心受拉构件与受弯构件,若承受的弯矩一样,它们的受拉钢筋用量不一样。因为受弯构件的受拉钢筋只抵抗由弯矩产生的拉应力,而大偏心受拉构件的受拉钢筋除要抵抗弯矩产生的拉应力外,还要抵抗由轴向拉力产生的拉应力。

7-3.5　轴向拉力对偏心受拉构件的受剪承载力有何影响?在抗剪计算时如何考虑这一影响?

【答】由于轴向拉力的存在,使混凝土的剪压区高度比仅受到弯矩 M 作用时要小,同时轴向拉力的存在也增大了构件中的主拉应力,使得构件中的斜裂缝开展得较长、较宽,且倾角也较大,从而导致构件的斜截面抗剪承载力降低。轴向拉力对斜截面抗剪承载力的不利影响为$(0.06 \sim 0.16)N$,考虑到结构试验条件与实际工程条件的差别,同时考虑拉力的存在对构件抗剪能力有不利作用,因此通过可靠度的分析计算,将轴向拉力这种不利影响取为$0.2N$。

四、计算题

7-4.1　钢筋混凝土拉杆,处于一类环境,截面尺寸 $b \times h = 250\ \text{mm} \times 250\ \text{mm}$,采用

C20 混凝土,其内配置 4 Φ 20(HRB335 级)钢筋;构件上作用轴心拉力设计值 $N = 360$ kN。试校核此拉杆是否安全?

【解】本题属于截面复核问题。

(1)基本设计参数。

查附表 4 和附表 16 可知:HRB335 级钢筋 $f_y = 300\ \text{N/mm}^2$,已配置 A_s(4 Φ 20)$=$ 1 257 mm^2。

(2)承载力复核:

$$N_u = f_y A_s = 300 \times 1\,257 = 377.1 \times 10^3(\text{N}) = 377.1\ \text{kN} > N = 360\ \text{kN}$$

故该杆安全。

7-4.2　偏心受拉构件,处于一类环境,截面尺寸 $b \times h = 300\ \text{mm} \times 500\ \text{mm}$,采用 C25 混凝土和 HRB335 级钢筋;承受轴心拉力设计值 $N = 400$ kN,弯矩设计值 $M = 60\ \text{kN}\cdot\text{m}$。试对构件进行配筋。

【解】本题属于截面设计问题。

(1)基本设计参数。

查附表 4 和附表 7 可知:C25 混凝土 $f_t = 1.27\ \text{N/mm}^2$,HRB335 级钢筋 $f_y = 300\ \text{N/mm}^2$。查附表 10:一类环境,$c = 25$ mm,$a_s = a_s' = c + \dfrac{d}{2} = 25 + \dfrac{20}{2} = 35(\text{mm})$,$h_0 = h - a_s = 500 - 35 = 465(\text{mm})$。查附表 14:$\rho_{\min} = 45\dfrac{f_t}{f_y}\% = 45 \times \dfrac{1.27}{300}\% = 0.190\,5\% < 0.2\%$,故取 $\rho_{\min} = 0.2\%$。

(2)判断构件类型:

$$e_0 = \frac{M}{N} = \frac{60 \times 10^6}{400 \times 10^3} = 150(\text{mm}) < \frac{h}{2} - a_s = \frac{500}{2} - 35 = 215(\text{mm})$$

故为小偏心受拉构件。

(3)计算几何尺寸:

$$e' = \frac{h}{2} + e_0 - a_s' = \frac{500}{2} + 150 - 35 = 365(\text{mm})$$

$$e = \frac{h}{2} - e_0 - a_s = \frac{500}{2} - 150 - 35 = 65(\text{mm})$$

(4)求 A_s 和 A_s':

$$A_s = \frac{Ne'}{f_y(h_0 - a_s')} = \frac{400\,000 \times 365}{300 \times (465 - 35)}$$

$$= 1\,131.8(\text{mm}^2) \geqslant \rho_{\min}bh = 0.2\% \times 300 \times 500 = 300(\text{mm}^2)$$

$$A_s' = \frac{Ne}{f_y(h_0 - a_s')} = \frac{400\,000 \times 65}{300 \times (465 - 35)}$$

$$= 201.6(\text{mm}^2) < \rho_{\min}bh = 0.2\% \times 300 \times 500 = 300(\text{mm}^2)$$

(5)选用钢筋。

A_s 选用 3 Φ 22($A_s = 1\,140\ \text{mm}^2$),$A_s'$ 选用 4 Φ 10($A_s' = 314\ \text{mm}^2$)。

7-4.3　偏心受拉构件,处于一类环境,截面尺寸 $b \times h = 200\ \text{mm} \times 350\ \text{mm}$,采用 C25

混凝土和 HRB335 级钢筋，$A_s = 628\ mm^2$（2 Φ 20），$A_s' = 226\ mm^2$（2 Φ 12）。求此构件在 $e_0 = 55$ mm 时所能承受的拉力。

【解】本题属于截面复核问题。

（1）基本设计参数。

查附表 4 和附表 7 可知：C25 混凝土 $f_t = 1.27\ N/mm^2$，HRB335 级钢筋 $f_y = 300\ N/mm^2$。查附表 10：一类环境，$c = 25$ mm，$a_s = a_s' = c + d/2 = 25 + 20/2 = 35(mm)$，$h_0 = h - a_s = 350 - 35 = 315\ (mm)$。

（2）判断构件类型：

$$e_0 = 55\ mm < \frac{h}{2} - a_s = \frac{350}{2} - 35 = 140(mm)$$

故为小偏心受拉构件。

（3）计算几何尺寸：

$$e' = \frac{h}{2} + e_0 - a_s' = \frac{350}{2} + 55 - 35 = 195(mm)$$

$$e = \frac{h}{2} - e_0 - a_s = \frac{350}{2} - 55 - 35 = 85(mm)$$

（4）求 N：

$$N \leqslant \frac{f_y A_s (h_0 - a_s')}{e'} = \frac{300 \times 628 \times (315 - 35)}{195} = 270.5 \times 10^3(N) = 270.5\ kN$$

$$N \leqslant \frac{f_y A_s' (h_0 - a'_s)}{e} = \frac{300 \times 226 \times (315 - 35)}{85} = 223.3 \times 10^3(N) = 223.3\ kN$$

故此构件在 $e_0 = 55$ mm 时所能承受的拉力为 223.3 kN。

7-4.4　偏心受拉构件，处于一类环境，截面尺寸 $b \times h = 350\ mm \times 600\ mm$，采用 C20 混凝土和 HRB335 级钢筋；承受轴心拉力设计值 $N = 140$ kN，弯矩设计值 $M = 110\ kN \cdot m$。试对构件进行配筋。

【解】本题属于截面设计问题。

（1）基本参数。

查附表 4 和附表 7 可知：C20 混凝土 $f_t = 1.10\ N/mm^2$，$f_c = 9.6\ N/mm^2$；HRB335 级钢筋 $f_y = 300\ N/mm^2$。查附表 10：一类环境，$c = 25$ mm，$a_s = a'_s = c + d/2 = 25 + 20/2 = 35(mm)$。查附表 14，$\rho_{min} = 45\frac{f_t}{f_y}\% = 45 \times \frac{1.10}{300}\% = 0.165\% < 0.2\%$，故取 $\rho_{min} = 0.2\%$。

（2）判断构件类型：

$$e_0 = \frac{M}{N} = \frac{110 \times 10^6}{140 \times 10^3} = 786(mm) > \frac{h}{2} - a_s = \frac{600}{2} - 35 = 265(mm)$$

故为大偏心受拉构件。

（3）配筋计算：

$$h_0 = 600 - 35 = 565(mm)$$

$$x = \xi_b h_0 = 0.55 \times 565 = 310.8(mm)$$

$$e = e_0 - \frac{h}{2} + a_s = 786 - 600/2 + 35 = 521(\text{mm})$$

$$A'_s = \frac{Ne - f_c bx(h_0 - 0.5x)}{f'_y(h_0 - a'_s)}$$

$$= \frac{140 \times 10^3 \times 521 - 9.6 \times 350 \times 310.8 \times (565 - 0.5 \times 310.8)}{300 \times (565 - 35)} < 0$$

按构造要求配筋 $A'_s = \rho'_{\min} bh = 0.2\% \times 350 \times 600 = 420(\text{mm}^2)$，实配 4 Φ 12（$A'_s = 452\ \text{mm}^2$）。

$$\alpha_s = \frac{Ne - f'_y A'_s(h_0 - a'_s)}{f_c bh_0^2} = \frac{140 \times 10^3 \times 521 - 300 \times 452 \times (565 - 35)}{9.6 \times 350 \times 565^2} = 0.001$$

$$\xi = 1 - \sqrt{1 - 2\alpha_s} = 1 - \sqrt{1 - 2 \times 0.001} = 0.001 < \frac{2a'_s}{h_0} = \frac{2 \times 35}{565} = 0.124$$

按 $x = 2a'_s$ 计算：

$$e' = e_0 + h/2 - a'_s = 786 + 600/2 - 35 = 1\,051(\text{mm})$$

$$A_s = \frac{Ne'}{f_y(h_0 - a'_s)} = \frac{140 \times 10^3 \times 1\,051}{300 \times (565 - 35)} = 925(\text{mm}^2) > \rho_{\min} bh = 0.2\% \times 350 \times 600 = 420(\text{mm}^2)$$

选配受拉钢筋 6 Φ 14（实配 $A_s = 924\ \text{mm}^2$）。

7-4.5　偏心受拉构件，处于一类环境，截面尺寸 $b \times h = 300\ \text{mm} \times 450\ \text{mm}$，采用 C25 混凝土和 HRB335 级钢筋，$A_s = 1\,964\ \text{mm}^2$（4 Φ 25），$A'_s = 226\ \text{mm}^2$（2 Φ 12）。求此构件在 $e_0 = 195\ \text{mm}$ 时所能承受的拉力。

【解】本题属于截面复核问题。

（1）基本参数。

查附表 4 和附表 7 可知：C25 混凝土 $f_t = 1.27\ \text{N/mm}^2$，$f_c = 11.9\ \text{N/mm}^2$，HRB335 级钢筋 $f_y = 300\ \text{N/mm}^2$。查附表 10，一类环境，$c = 25\ \text{mm}$，$a_s = a'_s = c + \frac{d}{2} = 25 + 20/2 = 35(\text{mm})$，$h_0 = 450 - 35 = 415(\text{mm})$。

（2）判断构件类型：

$$e_0 = 195\ \text{mm} > \frac{h}{2} - a_s = \frac{450}{2} - 35 = 190(\text{mm})$$

故为大偏心受拉构件。

（3）计算几何尺寸：

$$e = e_0 - \frac{h}{2} + a_s = 195 - \frac{450}{2} + 35 = 5(\text{mm})$$

$$e' = e_0 + \frac{h}{2} - a'_s = 195 + \frac{450}{2} - 35 = 385(\text{mm})$$

（4）求 N：

$$\xi = 1 + \frac{e}{h_0} - \sqrt{(1 + \frac{e}{h_0})^2 - \frac{2(f_y A_s e - f'_y A'_s e')}{\alpha_1 f_c bh_0^2}}$$

$$= 1 + \frac{5}{415} - \sqrt{(1 + \frac{5}{415})^2 - \frac{2 \times (300 \times 1\,964 \times 5 - 300 \times 226 \times 385)}{1 \times 11.9 \times 300 \times 415^2}}$$

$$= -0.037 < \frac{2a'_s}{h_0} = \frac{2 \times 35}{415} = 0.169$$

ξ 值无效,故构件所能承担的拉力为:

$$N \leqslant \frac{f_y A_s (h_0 - a'_s)}{e'} = \frac{300 \times 1\,964 \times (415 - 35)}{385} = 581\,548(\text{N}) = 581.5 \text{ kN}$$

7-4.6　偏心受拉构件,处于一类环境,截面尺寸 $b \times h = 300 \text{ mm} \times 400 \text{ mm}$,采用 C25 混凝土,箍筋采用 HPB235 级钢筋,构件作用轴向拉力设计值 $N = 200$ kN,剪力设计值 $V = 180$ kN(均布荷载),试求构件的箍筋。

【解】本题属于截面设计问题。

(1)基本参数。

查附表 4 和附表 7 可知:C25 混凝土 $f_t = 1.27 \text{ N/mm}^2$, $f_c = 11.9 \text{ N/mm}^2$,HPB235 级钢筋 $f_{yv} = 210 \text{ N/mm}^2$。查附表 10,一类环境, $c = 25$ mm , $a_s = a'_s = c + \frac{d}{2} = 25 + \frac{20}{2} = 35(\text{mm})$ 。

(2)求 A_{sv} :

$$h_0 = h - a_s = 400 - 35 = 365(\text{mm})$$

由 $V \leqslant V_u = \frac{1.75}{\lambda + 1} f_t b h_0 + f_{yv} \frac{A_{sv}}{s} h_0 - 0.2N$ 得: $f_{yv} \frac{A_{sv}}{s} h_0 \geqslant V + 0.2N - \frac{1.75}{\lambda + 1} f_t b h_0$,则:

$$\frac{A_{sv}}{s} \geqslant \frac{V + 0.2N - \frac{1.75}{\lambda + 1} f_t b h_0}{f_{yv} h_0} = \frac{180 \times 10^3 + 0.2 \times 200 \times 10^3 - \frac{1.75}{1.5 + 1} \times 1.27 \times 300 \times 365}{210 \times 365} = 1.6$$

选用双肢箍Φ 10,即 $A_{sv} = 157 \text{ mm}^2$, $s \leqslant 157/1.6 = 98.1(\text{mm})$,取 $s = 90 \text{ mm} < s_{\max} = 200$ mm,则:

$$\rho_{sv} = \frac{A_{sv}}{bs} = \frac{157}{300 \times 90} = 0.58\% > 0.36 \frac{f_t}{f_{yv}} = 0.36 \times \frac{1.27}{210} = 0.22\%$$

$$0.25\beta_c f_c b h_0 = 0.25 \times 1.0 \times 11.9 \times 300 \times 365 = 325.76 \times 10^3(\text{N})$$

$$= 325.76 \text{ kN} > V = 180 \text{ kN}$$

故该构件的箍筋配置为双肢Φ 10@90 时,满足斜截面承载力要求。

第八章 钢筋混凝土受扭构件承载力计算

本章要点

要求学生掌握矩形截面受扭构件的破坏形态、变角度空间桁架计算模型、矩形截面纯扭构件的受力性能和承载力计算方法、弯扭和弯剪扭构件承载力计算方法、T形和工字形截面弯剪扭构件承载力计算方法及受扭构件的构造要求。

一、填空题

8-1.1 钢筋混凝土纯扭构件的受扭破坏形态有________、________、________和________。

8-1.2 抗扭钢筋包括________和________。钢筋混凝土构件受扭破坏形态主要与________有关。

8-1.3 钢筋混凝土矩形截面构件在弯、剪、扭共同作用下的破坏形态与________、________、________、________、________等因素有关。

8-1.4 钢筋混凝土矩形截面构件在弯、剪、扭共同作用下的承载力计算,纵筋应通过________和________计算求得的纵向钢筋进行配置,重叠处的钢筋截面面积可以叠加;箍筋应按________构件的________和________计算求得箍筋配置,相应部位处的箍筋截面面积也可叠加。

8-1.5 钢筋混凝土受扭构件随着扭矩的增大,首先在一个侧面的长边中点附近出现斜裂缝,该裂缝沿与________迅速延伸到达该侧面的上、下边缘两点后,在顶面和底面大致沿45°方向继续延伸,最后构成三面开裂、一面受压的受力状态。

8-1.6 受扭构件截面塑性抵抗矩 W_t 是根据假设________推导出的。

8-1.7 对T形、工字形截面,计算 W_t 时可分块计算后叠加,分块的原则是________________。

8-1.1 【答】少筋破坏、适筋破坏、部分超筋破坏、超筋破坏

8-1.2 【答】纵筋、箍筋、配筋率

8-1.3 【答】扭弯比、扭剪比、截面尺寸、配筋、材料强度

8-1.4 【答】受弯构件正截面受弯承载力、剪扭构件的受扭承载力、剪扭、受剪承载力、受扭承载力

8-1.5 【答】构件轴线约成45°的方向

8-1.6 【答】混凝土是理想塑性材料的应力分布图形

8-1.7 【答】首先满足腹板截面的完整性,然后再划分受压翼缘和受拉翼缘的面积

二、选择题

8-2.1　均布荷载作用下的弯、剪、扭复合受力构件，当满足(　　)时，可以忽略剪力的影响。

A. $T \leqslant 0.175 f_t W_t$　　B. $T \leqslant 0.35 f_t W_t$　　C. $V \leqslant 0.35 f_t b h_0$

8-2.2　均布荷载作用下的弯、剪、扭复合受力构件，当满足(　　)时，可忽略扭矩的影响。

A. $T \leqslant 0.175 f_t W_t$　　B. $T \leqslant 0.35 f_t W_t$　　C. $V \leqslant 0.35 f_t b h_0$

8-2.3　钢筋混凝土剪扭构件的受剪承载力随扭矩的增加而(　　)。

A. 增大　　B. 减小　　C. 不变

8-2.4　受扭构件设计时，若满足条件 $V/(bh_0) + T/(0.8W_t) > 0.25\beta_c f_c$，则应(　　)。

A. 增加纵筋面积　　B. 增加箍筋面积　　C. 增大截面尺寸

8-2.5　受扭构件中，抗扭纵筋应(　　)。

A. 在四角放置　　B. 在截面左右两侧放置　　C. 沿截面周边对称放置

8-2.6　在剪力和扭矩共同作用下的构件(　　)。

A. 其受扭承载力随着剪力的增加而减小

B. 其受扭承载力随着扭矩的增加而减小

C. 其承载力比剪力和扭矩单独作用下的相应承载力低

8-2.7　对剪力和扭矩共同作用下的构件承载力计算，《结构规范》在处理剪、扭相关作用时(　　)。

A. 不考虑二者之间的相关性

B. 考虑二者之间的相关性

C. 混凝土的承载力考虑剪扭相关性，而钢筋的承载力不考虑剪扭的相关性

8-2.1【答】C　8-2.2【答】A　8-2.3【答】B　8-2.4【答】C　8-2.5【答】C

8-2.6【答】A、C　8-2.7【答】C

三、判断题

8-3.1　钢筋混凝土受扭构件，当受扭纵筋、箍筋均屈服时为塑性破坏。(　　)

8-3.2　受扭纵筋与箍筋的强度比 $0.6 \leqslant \zeta \leqslant 1.7$ 时可保证适筋破坏。(　　)

8-3.3　为防止少筋破坏，应保证满足最小受扭配箍率即可。(　　)

8-3.4　为防止超筋破坏，与受剪构件一样，用截面限制条件保证。(　　)

8-3.5　按《结构规范》方法及变角度空间桁架模型计算受扭钢筋时，均不考虑混凝土参加工作。(　　)

8-3.6　弯扭构件及弯、剪、扭构件配筋计算中，纵筋均由受弯及受扭所需纵筋相应面积叠加。(　　)

8-3.7　弯、剪、扭构件承载力计算中的关键是剪扭共同作用下混凝土作用的相关关系。(　)

8-3.8　若剪扭时混凝土强度降低系数 $\beta_t=1.0$，混凝土受剪时，混凝土强度取值不变。(　)

8-3.9　计算T形截面弯、剪、扭构件时，翼缘不参加抗剪工作。(　　)

8-3.10　计算T形截面弯、剪、扭构件时，受剪计算高度为 $h_0-h'_f$。(　　)

8-3.1　【答】√

8-3.2　【答】√

8-3.3　【答】×，改错：不仅要保证最小受扭配箍率，还要保证有足够的纵筋

8-3.4　【答】√

8-3.5　【答】×，改错：按《结构规范》方法及变角度空间桁架模型计算受扭钢筋时，要考虑具有螺旋形裂缝的混凝土外壳参与抗扭工作

8-3.6　【答】√

8-3.7　【答】√

8-3.8　【答】×，改错：若剪扭时混凝土强度降低系数 $\beta_t=1.0$，则可不考虑剪力对混凝土受扭承载力的影响

8-3.9　【答】√

8-3.10　【答】×，改错：计算T形截面弯、剪、扭构件时，受剪计算高度为 h_0

四、简答题

8-4.1　简要说明素混凝土纯扭构件的破坏特征。

【答】素混凝土构件在破坏过程中，构件在扭矩作用下首先在一个长边侧面中点附近出现斜裂缝，裂缝沿着与构件轴线成45°的方向迅速延伸，到达该侧面的上、下边缘，在顶面和底面大致成45°方向延伸，构成三面开裂、一面受压的受力状态。最后受压面上的混凝土被压碎，构件断裂破坏。破坏具有突然性，属于脆性破坏。

8-4.2　试比较扭转斜裂缝与受剪斜裂缝有何异同。

【答】二者相同之处在于：扭转斜裂缝和受剪斜裂缝都是由于主拉应力的方向是倾斜的，当主拉应力超过混凝土抗拉强度时，将混凝土拉裂，出现斜裂缝。不同之处在于：受剪斜裂缝是由在弯剪段截面下边缘先出现的垂直裂缝，随着荷载的加大，这些垂直裂缝斜向发展形成的斜向裂缝。扭转斜裂缝是在扭矩作用下，先在构件的一长边中点附近沿着45°方向拉裂，并迅速延伸至该长边的上、下边缘，然后在两个短边裂缝又大致沿45°方向延伸，当斜裂缝延伸到另一长边边缘时，在该长边形成受压破损线，使构件断裂成两半，形成三面开裂、一面受压的空间扭曲破坏面。

8-4.3　钢筋混凝土纯扭构件的破坏形态有哪些？它们的破坏特征是什么？

【答】钢筋混凝土纯扭构件的破坏形态有少筋破坏、适筋破坏、部分超筋破坏、完全超筋破坏。

(1)少筋破坏：构件中的箍筋和纵筋或者其中之一配置过少，配筋构件的抗扭承载力与素混凝土抗扭承载力几乎相等。这种破坏具有脆性，没有任何先兆。

(2)适筋破坏：构件中的箍筋和纵筋配置适当时，构件上先出现多条45°走向的螺旋

裂缝,与其中一条裂缝相交的箍筋和纵筋达到屈服,该条裂缝不断加宽,形成三面开裂、一面受压的空间破坏面,最后受压边的混凝土被压碎,构件破坏。破坏有一定的延性和比较明显的征兆。

(3)部分超筋破坏:构件中的箍筋或纵筋配置过多,数量相对较少的那部分钢筋受拉屈服,而另一部分钢筋直到构件破坏仍未屈服。破坏时有部分钢筋达到屈服,破坏特征非完全脆性。

(4)完全超筋破坏:构件中的箍筋和纵筋配置过多时,两者都未达到屈服,构件中的混凝土被压碎而导致突然破坏。破坏具有明显的脆性。

8-4.4　钢筋混凝土纯扭构件破坏时,在什么条件下纵向钢筋和箍筋都会先达到抗拉屈服强度,然后混凝土才压坏?

【答】构件中的箍筋和纵筋配置适当时,纵向钢筋与箍筋的配筋强度比值 ζ 为 0.5 ~ 2.0 时,纵筋和箍筋都会达到抗拉屈服强度,然后混凝土才被压碎。

8-4.5　变角空间桁架模型的基本假定有哪些?

【答】抗扭纵筋假设为空间桁架的弦杆,箍筋假设为受拉腹杆,被斜裂缝分割的斜向混凝土条带假设为斜压腹杆,忽略核心混凝土的受扭作用及钢筋的销栓作用。

8-4.6　配筋强度比 ζ 的物理意义是什么?为什么对其取值范围要加以限制?

【答】ζ 为沿截面核心周长单位长度内的抗扭纵筋强度与沿构件长度方向单位长度内的单侧抗扭箍筋强度之间的比值。对其取值加以限制是为了确保抗扭纵筋与抗扭箍筋配合最佳,两者能同时达到屈服强度。

8-4.7　矩形截面抗扭塑性抵抗矩 W_t 是如何确定的?T 形和工字形截面如何计算 W_t?

【答】矩形截面纯受扭构件截面上的剪应力分为四个区域,分别计算其合力及其对截面扭转中心的力矩,取 $\tau = f_t$,可求的总扭矩为 $T = f_t \frac{b^2}{6}(3h - b)$,定义 $W_t = \frac{T}{f_t}$ 为截面的受扭塑性抵抗矩。T 形和工字形截面计算 W_t 时,可将 T 形和工字形截面分为腹板和翼缘分别计算其受扭塑性抵抗矩,然后将其叠加得到全截面的抗扭塑性抵抗矩 W_t。其中:

全截面　$W_t = W_{tw} + W'_{tf} + W_{tf}$

腹板　$W_{tw} = \frac{b^2}{6}(3h - b)$

受压翼缘　$W'_{tf} = \frac{h'^2_f}{2}(b'_f - b)$

受拉翼缘　$W_{tf} = \frac{h_f^2}{2}(b_f - b)$

8-4.8　弯扭构件中弯扭承载力的相关曲线是怎样的?剪扭构件中剪扭承载力相关曲线又如何?《结构规范》计算公式中的 β_t 的物理意义是什么?

【答】弯扭构件中弯扭承载力的相关曲线是:对于一给定的截面,当扭矩起控制作用时,随着弯矩的增加,截面抗扭承载力增加;当弯矩起控制作用时,随着扭矩的减小,截面抗弯承载力增加。剪扭构件中剪扭承载力相关曲线是近似于 1/4 圆规律,抗剪承载力随扭矩的增大而减小，抗扭承载力随剪力的减小而增大。《结构规范》计算公式中 β_t 的物理意义是剪扭构件由于剪扭作用的相互影响反映混凝土强度降低的系数。

8-4.9　简述弯剪扭构件的设计中箍筋和纵筋的用量分别是如何确定的？

【答】弯剪扭构件的设计中箍筋和纵筋用量的确定原则是：箍筋应按剪扭构件的受剪承载力和受扭承载力所需的箍筋截面面积叠加配置，纵向钢筋应按受弯构件正截面受弯承载力和剪扭构件的受扭承载力所需的纵筋截面面积叠加配置。

8-4.10　T形和工字形弯扭构件与矩形截面弯剪扭构件在承载力计算上有何异同？

【答】T形和工字形截面弯剪扭构件与矩形截面弯剪扭钢筋在承载力计算上的相同点是：计算原则相同——纵向钢筋分别按受弯构件的正截面承载力和剪扭构件承载力计算，所得的钢筋截面面积叠加配置；箍筋分别按剪扭构件的受剪和受扭承载力计算，所得的箍筋截面面积叠加配置。不同点是：T形和工字形截面构件与矩形截面构件的正截面受弯承载力计算方法不同。T形和工字形截面构件受剪承载力计算时，按截面宽度等于腹板宽度、截面高度等于截面总高度的矩形截面计算，不考虑翼缘板的受剪作用。T形和工字形截面构件受扭承载力计算时，将整个截面划分成几个矩形截面分别计算。

8-4.11　试比较正截面受弯、斜截面受剪、受纯扭、受剪扭构件设计中防止出现超筋破坏和少筋破坏的措施。

【答】正截面受弯、斜截面受剪、受纯扭、受剪扭构件设计中防止出现超筋破坏和少筋破坏的措施如下所述。

(1)正截面受弯。为了防止超筋破坏，应满足 $\xi \leqslant \xi_b$ 或 $x \leqslant \xi_b h_0$ 或 $\rho \leqslant \rho_{\max}$；为了防止少筋破坏，应满足 $A_s \geqslant \rho_{\min} bh$。

(2)斜截面受剪。为了防止斜压破坏应满足：当 $h_w/b \leqslant 4$ 时，$V \leqslant 0.25\beta_c f_c bh_0$；当 $h_w/b \geqslant 6$ 时，$V \leqslant 0.20\beta_c f_c bh_0$；当 $4 < h_w/b < 6$ 时，$V \leqslant 0.25(14 - h_w/b)\beta_c f_c bh_0$。

为了防止斜拉破坏应满足：$\rho_{sv} \geqslant \rho_{sv,\min} = 0.24\dfrac{f_t}{f_{yv}}$，同时箍筋间距和最小直径应满足构造要求。

(3)受纯扭构件。为了防止超筋破坏应满足：当 $h_w/b \leqslant 4$ 时，$\dfrac{T}{W_t} \leqslant 0.2\beta_c f_c$；当 $h_w/b \geqslant 6$ 时，$\dfrac{T}{W_t} \leqslant 0.16\beta_c f_c$；当 $4 < h_w/b < 6$ 时，按线性内插法确定。为了防止少筋破坏应满足：箍筋的配箍率 $\rho_{sv} \geqslant \rho_{sv,\min} = 0.28\dfrac{f_t}{f_{yv}}$ 及构造要求，纵筋的配筋率 $\rho_{tl} \geqslant \rho_{tl,\min} = 0.6\sqrt{\dfrac{T}{Vb}}\dfrac{f_t}{f_y}$ 及构造要求。

(4)剪扭构件。为了防止超筋破坏应满足：当 $h_w/b \leqslant 4$ 时，$\dfrac{V}{bh_0} + \dfrac{T}{0.8W_t} \leqslant 0.25\beta_c f_c$；当 $h_w/b \geqslant 6$ 时，$\dfrac{V}{bh_0} + \dfrac{T}{0.8W_t} \leqslant 0.2\beta_c f_c$；当 $4 < h_w/b < 6$ 时，按线性内插法确定。

为了防止少筋破坏应满足：箍筋的配箍率 $\rho_{sv} \geqslant \rho_{sv,\min} = 0.28\dfrac{f_t}{f_{yv}}$ 及构造要求，纵筋的配筋率 $\rho_{tl} \geqslant \rho_{tl,\min} = 0.6\sqrt{\dfrac{T}{Vb}}\dfrac{f_t}{f_y}$ 及构造要求。

8-4.12　受扭构件中配筋有哪些构造要求?

【答】抗扭箍筋的配箍率应满足 $\rho_{sv} \geqslant \rho_{sv,\min}$,抗扭纵筋的配筋率应满足 $\rho_{tl} \geqslant \rho_{tl,\min}$。抗扭纵筋应沿截面周边均匀布置,且截面四角处必须放置,其间距不应大于 200 mm,也不应大于截面宽度 b,抗扭纵筋的两端应按受拉钢筋锚固长度要求锚固在支座内。抗扭箍筋必须采用封闭形式沿截面周边布置。当采用复合箍筋时,位于截面内部的箍筋不应计入受扭所需的箍筋面积。箍筋末端弯钩应大于 135°(采用绑扎骨架时),且弯钩端平直长度应大于 $5d_{sv}$(d_{sv}为箍筋直径)和 50 mm。抗扭箍筋的直径和最大间距应满足相关规范要求。

8-4.13　试写出弯剪扭构件承载力计算的流程图,并编写程序。

【答】流程图如图 8-1 所示。

计算程序如下所示。

```
c  - - - - - - - - - - - - - - - - - - - - - - - - - -
c  filename:RCBT.FOR
c  reinforcement calculation of beam under flexual,shear force,and torsion (GB 50010—2002)
c  - - - - - - - - - - - - - - - - - - - - - - - - - -
       OPEN (21, FILE ='RCBTIN.DAT',STATUS ='OLD')
       OPEN (22, FILE ='RCBTOUT.DAT',STATUS ='NEW')
       READ (21, * ) NS
       DO 50 KK =1,NS
         WRITE (22,'(/A,1X,I1)')
     $ 'NO.OF MEMBER:',KK
         CALL RCBT(AS,ASP)
         PRINT * ,AS
         WRITE(22,'(5X,A23,F10.1,A6)')
     $  'STEEL ON THE DOWN AS =',AS,'mm * mm'
         CALL SBAR (AS)
         IF (ASP.EQ.0.0)GOTO 50
         WRITE (22,'(5X,A12,F10.1,A6)')
     $  'STEEL ON THE UP AS =',ASP,'mm * mm'
           CALL SBAR(ASP)
 50      CONTINUE
         CLOSE(21)
         CLOSE(22)
         STOP
         END
c  - - - - - - - - - - - - - - - - - - - - - - - - - -
       SUBROUTINE RCBT(AS,ASP)
       INTEGER * 2 C,S,DET
```

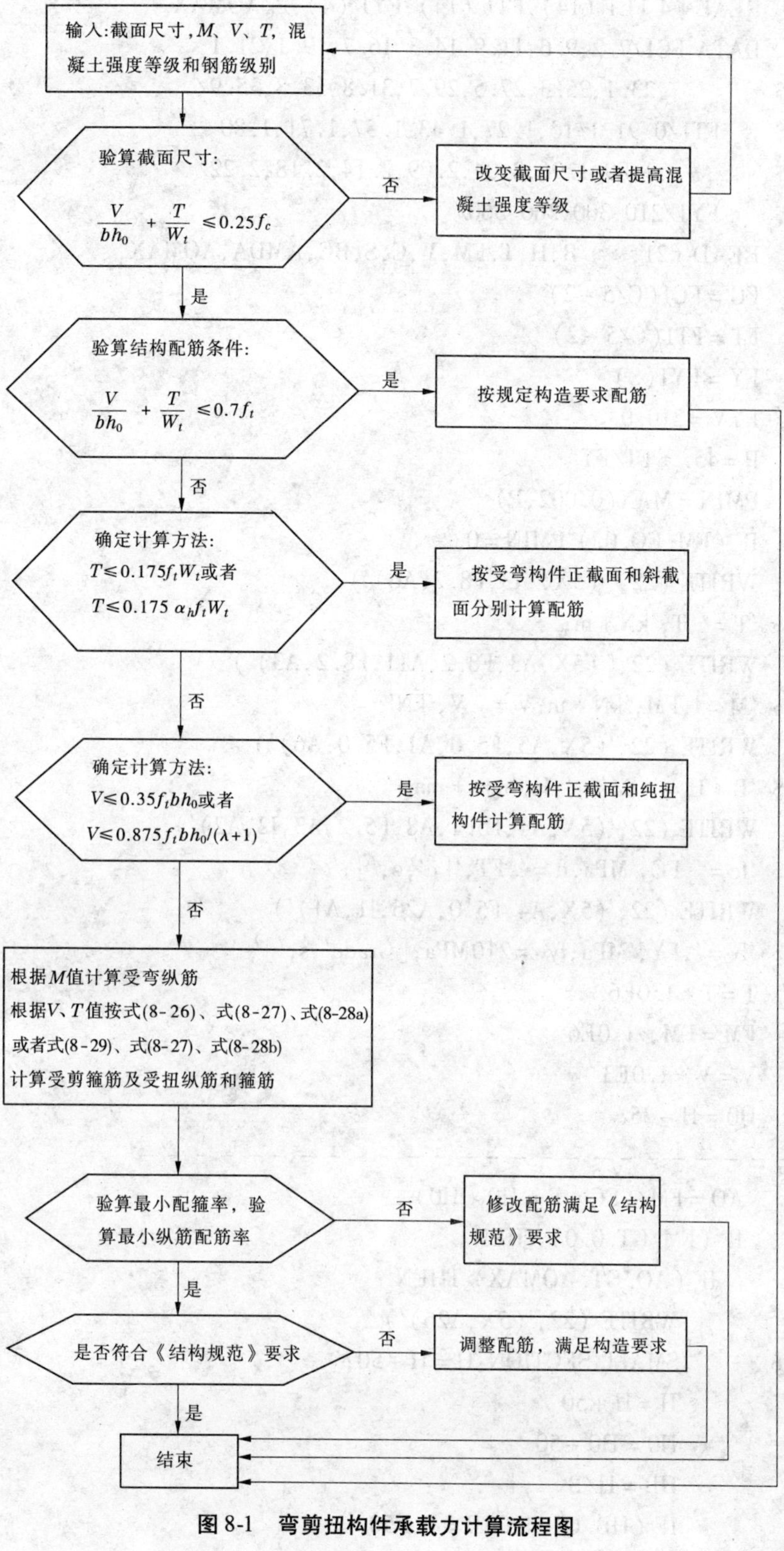

图 8-1　弯剪扭构件承载力计算流程图

```
      REAL * 4 FC1 (14),FT1 (14),FY1 (4),P,AOMAX
      DATA FC1/7.2,9.6,11.9,14.3,16.7,19.1,21.1
     $         ,23.1,25.3,27.5,29.7,31.8,33.8,35.9/
     $    FT1/0.91,1.10,1.27,1.43,1.57,1.71,1.80
     $         ,1.89,1.96,2.04,2.09,2.14,2.18,2.22/
     $    FY1/210,300,360,360/
      READ (21, * ) B,H,T,FM,V,C,S,BC,AMDA,AOMAX
      FC = FC1(C/5 -2)
      FT = FT1(C/5 -2)
      FY = FY1(S)
      FYV =210.0
      P =45. * FT/FY
      PMIN = MAX(0.002,P)
      IF (FM.EQ.0.) PMIN =0.
      WRITE (22,' (5X, A3,F8.2,A6)')
     $ 'T = ',T,'kN * m;'
      WRITE (22,' (5X,A3,F8.2,A11,F8.2,A3)')
     $ 'M = ',FM,'kN * m;V = ',V,'kN'
      WRITE (22,'(5X,A5,F5.0,A1,F5.0,A6)')
     $ 'B * H = ',B,' * ',H,'mm * mm;'
      WRITE (22,'(5X,A4,F5.1,A8,F5.2,A3,I2,A2)')
     $ 'fc = ',FC,'MPa,ft = ',FT,'[c',c,'];'
      WRITE (22,'(5X,A4,F5.0,A26,I1,A1)')
     $ 'fy = ',FY,'MPa;fyv = 210MPa;[Grade',s,']'
      T = T * 1.0E6
      FM = FM * 1.0E6
      V = V * 1.0E3
      H0 = H -35.
c  - - - - - - - - - - - - - - - - - - - - - - - - - -
100    AO = FM/(FC * B * H0 * H0)
       IF (FM.GT.0.0) THEN
          IF (AO.GT.AOMAX) THEN
              WRITE (22,'(5X,A26)')
     $        'SMALL SECTION:H = H +50;'
              H = H +50
              H0 = H0 +50
              HB = H/B
              IF (HB.GT.4.0)B = B +50
```

```
         WRITE (22,'(5X,A5,F5.0,A1,F5.0,A6)')
$        'b * h = ',B,' * ',H,'mm * mm'
         GOTO 100
         END IF
         RO =0.5 * (1.0 + SQRT(1.0 -2.0 * AO))
         ASM = FM/(RO * FY * H0)
         ASMIN = PMIN * B * H0
         IF (ASM. LT. ASMIN) ASM = ASMIN
         ELSE
           ASM =0.0
         END IF
c - - - - - - - - - - - - - - - - - - - - - - - - - -
      WT = B * B * (3.0 * H - B)/6.0
      VTB = V/(B * H0) + T/(WT * 0.8)
      IF (VTB. GT. 0.25 * FC * BC) THEN
        WRITE(22,'(5X,A26)')
$       'SMALL SECTION:H = H +50;'
        H = H +50
        H0 = H0 +50
        HB = H/B
        IF (HB. GT. 4.0)B = B +50
        WRITE (22,'(5X,A5,F5.0,A1,F5.0,A6)')
$       'b * h = ',B,' * ',H,'mm * mm'
        GOTO 100
        END IF
        VTB = V/(B * H0) + T/WT
        IF (VTB. LE. 0.7 * FT) THEN
          GOTO 200
        END IF
c - - - - - - - - - - - - - - - - - - - - - - - - - -
      HCOR = H -50
      BCOR = B -50
      UCOR =2.0 * (HCOR + BCOR)
      ACOR = HCOR * BCOR
      IF (AMDA. EQ. 0.0) THEN
        VT17 =0.5 * V * WT/(T * B * H0)
        VCS1 =0.7 * FT * B * H0
        FK =1.5
```

```
      ELSE
        VT17 =0.2 * (AMDA +1.5) * V * WT/(T * B * H0)
        VCS1 = (1.75/(AMDA +1)) * FT * B * H0
        FK =1.25
      END IF
      BET =1.5/(1.0 + VT17)
      IF (BET. LT. 0.5) BET =0.5
      IF (BET. GT. 1.0) BET =1.0
      IF (V. GT. 0.5 * VCS1) THEN
        IF (T. GT. (0.175 * WT * FT)) THEN
        AVT = (T -0.35 * BET *  * WT * FT)/(1.2 * 1.095 * ACOR * FYV)
        AST = AVT * UCOR * 1.2 * FYV/FY
        ELSE
        AVT =0.0
        AST =0.0
      END IF
      VC = VCS1 * (1.5 - BET)
      AVQ = (V - VC)/(1.25 * FYV * H0)
      ELSE
        AVQ =0.0
        BET =1.0
        IF (T. GT. (0.175 * WT * FT)) THEN
          AVT = (T -0.35 * BET * WT * FT)/(1.2 * ACOR * FYV * 1.095)
          AST = AVT * UCOR *  * 1.2 * FYV/FY
         END IF
        END IF
        ASV1S = AVT + AVQ
        PSV =2.0 * ASVIS/B
        PSVMIN =0.25 * FT/FYV
        IF (PSV. LT. PSVMIN) ASVIS =0.5 * PSVMIN * B
        ASP =0.5 * AST
        AS =0.5 * AST + ASM
     IF (FM. GT. 0.0)THEN
        PAS = AS/(B * H0)
        PASMIN =1.5 * PSVMIN + PMIN
        IF (PAS. LT. PASMIN) AS = PASMIN * B * H0
        END IF
c - - - - - - - - - - - - - - - - - - - - - - - - - -
```

```
200   V07 =0.7 * FT * B * H0
      DST =4
      IF (H.GT.250.0) DST =6
      IF (H.GT.800.0) DST =8
      IF (V.GT.V07) THEN
        SST =150.0
        IF (H.GT.300.0) SST =200.0
        IF (H.GT.500.0) SST =250.0
        IF (H.GT.800.0) SST =300.0
      ELSE
        SST =200.0
        IF (H.GT.300.0) SST =300.0
        IF (H.GT.500.0) SST =350.0
        IF (H.GT.800.0) SST =500.0
      END IF
210   ASVA =0.7854 * DST * DST
      SST1 = ASVA/ASV1S
      IF (SST1.LT.80.0) THEN
        DST = DST +2
        GOTO 210
      END IF
      SST1 =10.0 * INT(SST1/10.0)
      IF (SST1.LE.SST) SST = SST1
      WRITE (22,'(/5X,A18,F8.4,I8,A2,F6.1)')
    $ '* * * * * * * Asv1/s =',ASV1S,DST,'@ ',SST
      RETURN
      END
c - - - - - - - - - - - - - - - - - - - - - - - - - - -
      SUBROUTINE SBAR (AS)
      DIMENSION KD8(8),A8(8)
      DATA KD8/12,14,16,18,20,22,25,28/
    $      A8/113.1,153.9,201.1,254.5,314.2,380.1,490.9,615.8/
      IF (AS.GT.226.2) GOTO 220
      WRITE (22,'(10X,A3,I4,A20)')
    $ '2#',12,'(MIN - - - -AS =226.2)'
      GOTO 345
220   IF (AS.LT.4922.4) GOTO 230
      WRITE (22,'(4X,A,A)')'(AS IS TOO','LAGE,PLEASE CHOOSE BY YOURS
```

```
  $  ELF)'
     GOTO 345
230  B8 = 1230.6
     IF (AS.GT.B8) GOTO 270
     DO 255 I = 2,7
        A2 = 2 * A8(I)
        IF (A2.GE.AS) GOTO 260
255     CONTINUE
        GOTO 270
260     WRITE (22,'(10X,A6,I3,A17,F7.2,A2)')
  $      '2#',KD8(I),'(AS = ',A2,')'
        IF (KD8(I).LT.16) GOTO 345
270     DO 340 II = 3,7
          B8 = B8 + 615.3
          IF (AS.GT.B8) GOTO 340
          K8 = II + 1
          DO 325 I = 1,8
            J = I + 1
            DO 320 KL = 1,K8
              K1 = K8 - KL
              K2 = KL - 1
              A2 = K1 * A8(I) + K2 * A8(J)
              IF (A2.GE.AS) GOTO 330
320         CONTINUE
325  CONTINUE
330  IF (K1.EQ.0) GOTO 337
     IF (K2.EQ.0) GOTO 334
     WRITE (22,'(10X,I4,A2,I3,A2,I4,A2,I3,
  $ A6,F7.2,A2)')K1,'#',KD8(I),'+',K2,'
  $ #',KD8(J),'(AS = ',A2,')'
     GOTO 338
334  WRITE (22,'(10X,I4,A2,I3,A17,F7.2,A2)')
  $ K1,'#',KD8(I),'(AS = ',A2,')'
     GOTO 338
337  WRITE (22,'(10X,I4,A2,I3,A17,F7.2,A2)')
  $ K2,'#',KD8(J),'(AS = ',A2,')'
338  IF (KD8(I).LT.20) GOTO 345
340  CONTINUE
```

```
345  RETURN
     END
```

主要变量说明:

NS:计算的截面个数

B:截面宽度

H:截面高度

H0:截面的有效高度

T:扭矩

V:剪力

FM:弯矩

C:混凝土强度等级

FC:混凝土抗压强度设计值

FT:混凝土抗拉强度设计值

S:纵筋级别

FY:纵筋的抗拉强度设计值

FYV:箍筋的抗拉强度设计值,fyv = 210MPa

DST:箍筋的直径

SST:箍筋的间距

AMDA:剪跨比(当构件受均布荷载作用时,AMDA = 0)

BC:混凝土强度影响系数

AOMAX:截面抵抗矩系数。

RCBTIN. DAT 内容如下:

```
3
250. ,500. ,10. ,90. ,90. ,15 ,2 ,1. 0 ,0. 0 ,0. 39875
250. ,500. ,10. ,0. ,90. ,15 ,2 ,1. 0 ,0. 0 ,0. 39875
250. ,500. ,10. ,0. ,0. ,15 ,2 ,1. 0 ,0. 0 ,0. 39875
```

RCBTOUT. DAT 内容如下:

```
NO. OF MEMBER: 1
       T =   10.00 kN * m;
       M =   90.00        kN * m;V =     90.00 kN
       B * H = 250. * 500. mm * mm;
       fc =     7.2 MPa,ft = 0.91[c15];
       fy = 300.          MPa;fyv = 210MPa;[Grade2]

         * * * * * * * * Asv1/s = 0.8350 * * * * * * * * * @  90.0
       STEEL ON THE DOWN AS =            16088.0 mm * mm
    (AS IS TOOLAGE,PLEASE CHOOSE BY YOURS   ELF)
         STEEL ON THE UP AS =             219.9 mm * mm
```

2# 12 (MIN – – – – AS = 226.2)

NO. OF MEMBER: 2

T = 10.00 kN * m;

M = 0.00 kN * m; V = 90.00 kN

B * H = 250. * 500. mm * mm;

fc = 7.2 MPa, ft = 0.91 [c15];

fy = 300. MPa; fyv = 210MPa; [Grade2]

* * * * * * * * Asv1/s = 0.8350 * * * * * * * * * @ 90.0

STEEL ON THE DOWN AS = 219.9 mm * mm

2# 12 (MIN – – – – AS = 226.2)

STEEL ON THE UP AS = 219.9 mm * mm

2# 12 (MIN – – – – AS = 226.2)

NO. OF MEMBER: 3

T = 10.00 kN * m;

M = 0.00 kN * m; V = 0.00 kN

B * H = 250. * 500. mm * mm;

fc = 7.2 MPa, ft = 0.91 [c15];

fy = 300. MPa; fyv = 210MPa; [Grade2]

* * * * * * * * Asv1/s = 0.2357 * * * * * * * * * @ 110.0

STEEL ON THE DOWN AS = 449.9 mm * mm

2#18 (AS = 509.00)

3#14 (AS = 461.70)

STEEL ON THE UP AS = 449.9 mm * mm

2#18 (AS = 509.00)

3#14 (AS = 461.70)

五、计算题

8-5.1 已知矩形截面构件, $b \times h = 250\ \text{mm} \times 600\ \text{mm}$, 选用 C20 混凝土, 箍筋采用 HPB235 级钢筋, 纵向钢筋采用 HRB335 级钢筋。承受如下内力:

(1) 扭矩设计值 $T = 12\ \text{kN} \cdot \text{m}$;

(2) 扭矩设计值 $T = 12\ \text{kN} \cdot \text{m}$, 剪力设计值 $V = 95\ \text{kN}$;

(3) 扭矩设计值 $T = 12\ \text{kN} \cdot \text{m}$, 弯矩设计值 $M = 140\ \text{kN} \cdot \text{m}$;

(4) 扭矩设计值 $T = 12\ \text{kN} \cdot \text{m}$, 弯矩设计值 $M = 140\ \text{kN} \cdot \text{m}$, 剪力设计值 $V = 95\ \text{kN}$ 。

试计算各组内力作用下该截面的配筋并绘制截面配筋图。

【解】首先确定基本设计参数。

查附表 4 和附表 7 可知: C20 混凝土 $f_c = 9.6\ \text{N/mm}^2$, $f_t = 1.10\ \text{N/mm}^2$, $\beta_c = 1.0$,

HPB235 级钢筋 $f_{yv}=210\ \text{N/mm}^2$,HRB335 级钢筋 $f_y=300\ \text{N/mm}^2$。查附表 10:一类环境,$c=25$ mm,取 $a_s=35$ mm,$h_0=h-a_s=600-35=565(\text{mm})$。

$$b_{cor}=b-2c=250-2\times25=200(\text{mm})$$

$$h_{cor}=h-2c=600-2\times25=550(\text{mm})$$

$$u_{cor}=2(b_{cor}+h_{cor})=2\times(200+550)=1\ 500(\text{mm})$$

$$A_{cor}=b_{cor}\times h_{cor}=200\times550=110\ 000\ (\text{mm}^2)$$

$$W_t=\frac{b^2}{6}(3h-b)=\frac{250^2}{6}(3\times600-250)=1.61\times10^7(\text{mm}^3)$$

(1)扭矩设计值为 $T=12$ kN·m。

①验算截面尺寸:

$$\frac{T}{W_t}=\frac{12\times10^6}{1.61\times10^7}=0.75(\text{N/mm}^2)<0.2\beta_c f_c=0.2\times1.0\times9.6=1.92(\text{N/mm}^2)$$

且
$$\frac{T}{W_t}<0.7f_t=0.7\times1.10=0.77(\text{N/mm}^2)$$

截面尺寸可用。当 $T\leqslant0.7f_tW_t$ 时,截面处于抗裂状态,因此可以不进行抗扭承载力计算,按配筋率的下限及构造配筋。

抗扭箍筋的配箍率应满足:

$$\rho_{sv}=\frac{nA_{sv1}}{bs}\geqslant\rho_{sv,\min}=0.28\frac{f_t}{f_{yv}}=0.28\times\frac{1.10}{210}=0.15\%$$

抗扭纵筋的最小配筋率应满足:

$$\rho_{tl}=\frac{A_{stl}}{bh}\geqslant\rho_{tl,\min}=0.85\frac{f_t}{f_y}=0.85\times\frac{1.10}{300}=0.31\%$$

②截面配筋。

箍筋按照构造要求选取Φ 8,$n=2$,$A_{sv1}=50.3\ \text{mm}^2$,$s=200$ mm,则:$\rho_{sv}=\dfrac{2\times50.3}{250\times200}=0.201\%>\rho_{sv,\min}=0.28\dfrac{f_t}{f_{yv}}=0.15\%$。

抗扭纵筋的面积:

$$A_{stl}>\rho_{tl,\min}bh=0.003\ 1\times250\times600=465(\text{mm}^2)$$

选取抗扭纵筋为 8 Φ 10,$A_{stl}=628\ \text{mm}^2$,截面配筋如图 8-2 所示。

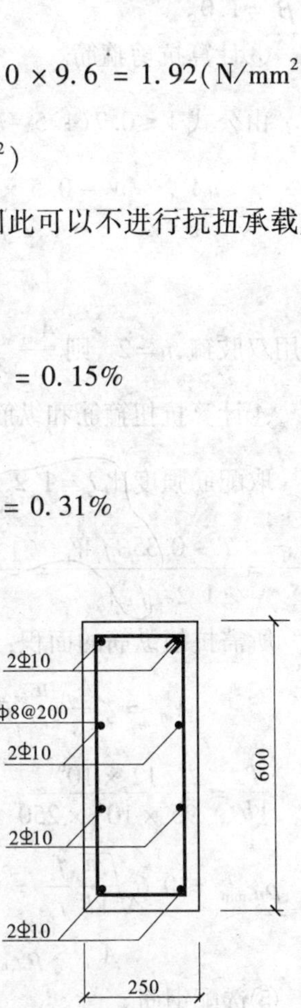

图 8-2

(2)扭矩设计值为 $T=12$ kN·m,剪力设计值为 $V=95$ kN。

①验算截面尺寸:

$$\frac{h_w}{b}=\frac{h_0}{b}=\frac{565}{250}=2.26<4$$

$$\frac{V}{bh_0}+\frac{T}{0.8W_t}=\frac{95\times10^3}{250\times565}+\frac{12\times10^6}{0.8\times1.61\times10^7}=1.60(\text{N/mm}^2)<0.25\beta_c f_c$$

$$=0.25\times1.0\times9.6=2.4(\text{N/mm}^2)$$

故截面满足要求。

$$\frac{V}{bh_0}+\frac{T}{W_t}=\frac{95\times10^3}{250\times565}+\frac{12\times10^6}{1.61\times10^7}=1.42(\text{N/mm}^2)>0.7f_t$$

$$=0.7\times1.1=0.77(\text{N/mm}^2)$$

故需要按计算配筋。

②计算剪扭构件混凝土强度折减系数：

$$\beta_t=\frac{1.5}{1+0.5\dfrac{VW_t}{Tbh_0}}=\frac{1.5}{1+0.5\times\dfrac{95\times10^3\times1.61\times10^7}{12\times10^6\times250\times565}}=1.03>1.0$$

取 $\beta_t=1.0$。

③计算抗剪箍筋。

由公式 $V\leqslant0.7(1.5-\beta_t)f_tbh_0+1.25f_{yv}\dfrac{A_{sv}}{v}h_0$ 得：

$$\frac{nA_{sv1}}{s}\geqslant\frac{V-0.5\times0.7f_tbh_0}{1.25f_{yv}h_0}=\frac{95\times10^3-0.5\times0.7\times1.10\times250\times565}{1.25\times210\times565}$$

$$=0.274(\text{mm}^2/\text{mm})$$

采用双肢箍，$n=2$，则 $\dfrac{A_{sv1}}{s}\geqslant0.137\ \text{mm}^2/\text{mm}$。

④计算抗扭箍筋和纵筋。

取配筋强度比 $\zeta=1.2$，由公式 $T\leqslant0.35\beta_tf_tW_t+1.2\sqrt{\zeta}f_{yv}\dfrac{A_{st1}A_{cor}}{S}$ 得：

$$\frac{A_{st1}}{s}=\frac{T-0.35\beta_tf_tW_t}{1.2\sqrt{\zeta}f_{yv}A_{cor}}=\frac{12\times10^6-0.35\times1.0\times1.10\times1.61\times10^7}{1.2\sqrt{1.2}\times210\times110\,000}=0.191(\text{mm}^2/\text{mm})$$

所需抗扭纵筋的面积：

$$A_{stl}=\zeta\frac{A_{st1}}{s}\frac{u_{cor}f_{yv}}{f_y}=1.2\times0.191\times\frac{1\,500\times210}{300}=240.66(\text{mm}^2)$$

$$\frac{T}{Vb}=\frac{12\times10^6}{95\times10^3\times250}=0.505<2\text{，则：}$$

$$\rho_{tl,\min}=0.6\sqrt{\frac{T}{Vb}}\frac{f_t}{f_y}=0.6\times\sqrt{0.505}\times\frac{1.10}{300}=0.001\,56=0.156\%$$

$$A_{stl}>\rho_{tl,\min}bh=0.001\,56\times250\times600=234(\text{mm}^2)$$

⑤选配钢筋。

抗剪扭箍筋：

$$\frac{A_{sv1}}{s}+\frac{A_{st1}}{s}=0.137+0.191=0.328(\text{mm}^2/\text{mm})>\rho_{sv,\min}\frac{b}{n}$$

$$=0.28\frac{f_t}{f_{yv}}\frac{b}{2}=0.28\times\frac{1.10}{210}\times\frac{250}{2}=0.183(\text{mm}^2/\text{mm})$$

选Φ 8 单肢箍面积为 $50.3\ \text{mm}^2$，则：

$$s \leqslant \frac{50.3}{0.328} = 153.35(\text{mm})$$

取 $s = 150$ mm。

抗扭纵筋：根据构造要求，抗扭纵筋不少于 8 根，所以选用 8 Φ 10(628 mm^2)，截面配筋如图 8-3 所示。

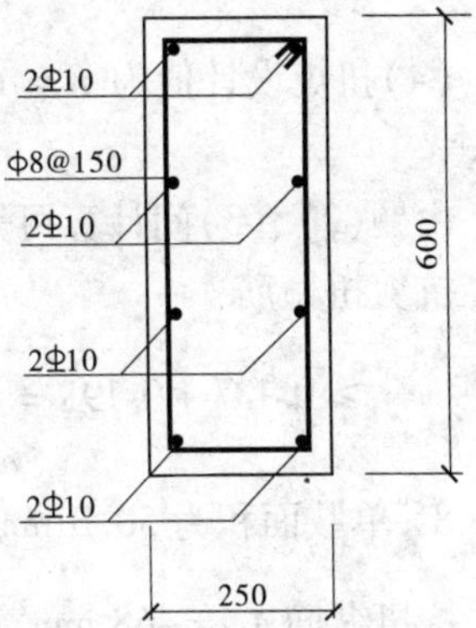

图 8-3

(3) 扭矩设计值为 $T = 12$ kN·m，弯矩设计值为 $M = 140$ kN·m。

①验算截面尺寸：

$$\frac{T}{W_t} = \frac{12 \times 10^6}{1.61 \times 10^7} = 0.745(\text{N/mm}^2) < 0.25\beta_c f_c$$

$$= 0.25 \times 1.0 \times 9.6 = 2.4(\text{N/mm}^2)$$

故截面满足要求。

$$\frac{T}{W_t} = \frac{12 \times 10^6}{1.61 \times 10^7} = 0.745(\text{N/mm}^2) < 0.7f_t$$

$$= 0.7 \times 1.1 = 0.77(\text{N/mm}^2)$$

故按照构造配抗扭箍筋和纵筋。

②抗扭钢筋。

根据构造要求箍筋选用双肢Φ 8@250，$n = 2$，$A_{st1} = 50.3$ mm^2。

纵筋应满足：

$$A_{stl} \geqslant 0.85\frac{f_t}{f_y}bh = 0.85 \times \frac{1.10}{300} \times 250 \times 600 = 468(\text{mm}^2)$$

③计算抗弯所需纵向钢筋：

$$\alpha_s = \frac{M}{\alpha_1 f_c b h_0^2} = \frac{140 \times 10^6}{1.0 \times 9.6 \times 250 \times 565^2} = 0.183$$

$$\xi = 1 - \sqrt{1 - 2\alpha_s} = 1 - \sqrt{1 - 2 \times 0.183} = 0.204 < \xi_b = 0.55$$

$$A_s = \frac{\alpha_1 f_c b \xi h_0}{f_y} = \frac{1.0 \times 9.6 \times 250 \times 0.204 \times 565}{300} = 922.08(\text{mm}^2)$$

$$\rho_{\min} = 45\frac{f_t}{f_y}\% = 45 \times \frac{1.10}{300}\% = 0.165\% < 0.2\%$$

取 $\rho_{\min} = 0.2\%$。

$$A_s > \rho_{\min}bh = 0.2\% \times 250 \times 600 = 300(\text{mm}^2)$$

④选配钢筋。

抗扭箍筋：选Φ 8 双肢箍，$A_{st1} = 50.3$ mm^2，$s = 250$ mm。

纵筋：抗扭纵筋 $A_{stl} = 468$ mm^2，分为上、中、下四排布置，每排面积 $A_{stl}/4 = 117$ mm^2。上、中部可以选用 2 Φ 10 (157 mm^2)，下部所需钢筋面积为 $A_s + A_{stl}/4 = 1\,039.08$ mm^2，可以选用 3 Φ 22 (1 140 mm^2)。截面配筋如图 8-4

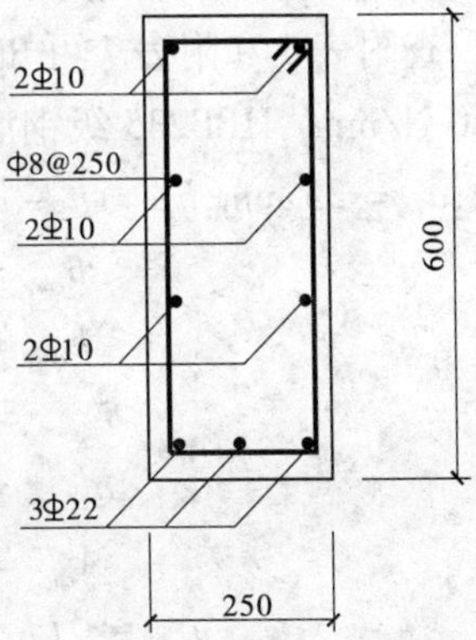

图 8-4

所示。

(4)扭矩设计值为 $T = 12\ kN\cdot m$,弯矩设计值为 $M = 140\ kN\cdot m$,剪力设计值为 $V = 95\ kN$。

由题(2)、(3)问计算可知:

抗剪扭箍筋:

$$\frac{A_{sv1}}{s} + \frac{A_{st1}}{s} \geqslant 0.137 + 0.191 = 0.328(mm^2/mm) > \rho_{sv,\min}\frac{b}{n} = 0.28\frac{f_t}{f_{yv}}\frac{b}{2} = 0.183(mm^2/mm)$$

选Φ8,单肢面积为 50.3 mm^2,则 $s \leqslant \dfrac{50.3}{0.328} = 153(mm)$,取 $s = 150$ mm。

抗扭纵筋 $A_{stl} = 468\ mm^2$,抗弯纵筋 $A_s = 922.08\ mm^2$,将抗扭纵筋分为上、中、下四排布置,每排面积为 $\dfrac{A_{stl}}{4} = 117\ mm^2$,则上、中部可以选用2 ⏀ 10(157 mm^2),下部所需钢筋面积为 $A_s + \dfrac{A_{stl}}{4} = 922.08 + 117 = 1\,039.08(mm^2)$,可以选用3 ⏀ 22(1 140 mm^2)。截面配筋如图8-5所示。

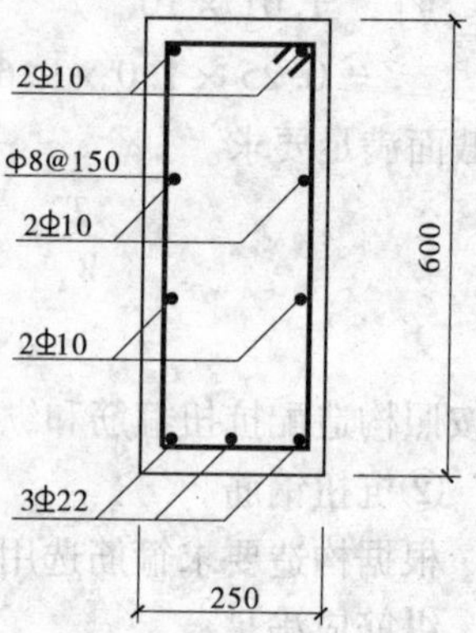

图8-5

8-5.2　某T形截面构件,截面尺寸如图8-6所示。选用C20混凝土,箍筋采用HPB235级钢筋,纵向钢筋采用HRB335级钢筋。

(1)扭矩设计值为 $T = 12\ kN\cdot m$;

(2)扭矩设计值为 $T = 12\ kN\cdot m$,剪力设计值为 $V = 80\ kN$;

(3)扭矩设计值为 $T = 12\ kN\cdot m$,弯矩设计值为 $M = 72\ kN\cdot m$;

(4)扭矩设计值为 $T = 12\ kN\cdot m$,弯矩设计值为 $M = 72\ kN\cdot m$,剪力设计值为 $V = 80\ kN$。

试计算各组内力作用下该截面的配筋并绘出截面配筋图。

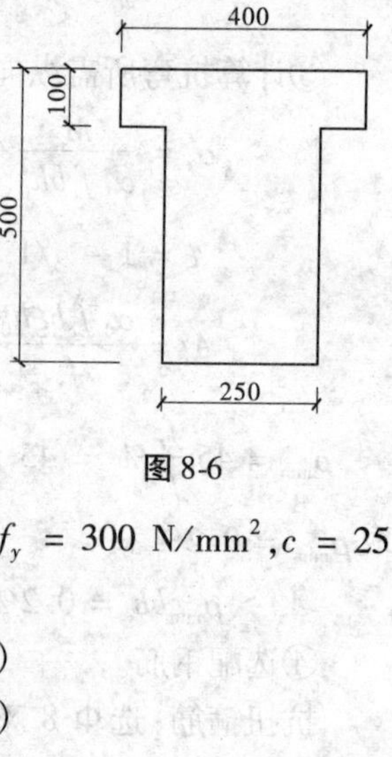

图8-6

【解】基本设计参数。

查附表4和附表7可知:C20混凝土 $f_c = 9.6\ N/mm^2$,$f_t = 1.10\ N/mm^2$,HPB235级钢筋 $f_{yv} = 210\ N/mm^2$,HRB335级钢筋 $f_y = 300\ N/mm^2$,$c = 25$ mm,$a_s = 35$ mm,$h_0 = h - a_s = 500 - 35 = 465$ mm。

$$b_{cor} = b - 2c = 250 - 2\times 25 = 200(mm)$$

$$h_{cor} = h - 2c = 500 - 2\times 25 = 450(mm)$$

$$b'_{f,cor} = 150 - 2c = 150 - 2\times 25 = 100(mm)$$

$$h'_{f,cor} = 100 - 2c = 100 - 2\times 25 = 50(mm)$$

$$A_{cor} = b_{cor}h_{cor} = 200\times 450 = 90\,000(mm^2)$$

$$u_{cor} = 2(b_{cor} + h_{cor}) = 2\times(200 + 450) = 1\,300(mm)$$

$$A'_{f,cor} = b'_{f,cor}\times h'_{f,cor} = 100\times 50 = 5\,000(mm^2)$$

$$u'_{f,cor} = 2(b'_{f,cor} + h'_{f,cor}) = 2 \times (100 + 50) = 300(\text{mm})$$

将截面分为腹板 $b \times h = 250\ \text{mm} \times 500\ \text{mm}$，受压翼缘 $h'_f(b'_f - b) = 100 \times (400 - 250)$ 的两块矩形截面。

计算截面的抗扭塑性抵抗矩：

$$W_{tw} = \frac{b^2}{6}(3h - b) = \frac{250^2}{6} \times (3 \times 500 - 250) = 1.3 \times 10^7(\text{mm}^3)$$

$$W'_{tf} = \frac{h'^2_f}{2}(b'_f - b) = \frac{100^2}{2} \times (400 - 250) = 7.5 \times 10^5(\text{mm}^3)$$

$$W_t = W_{tw} + W'_{tf} = 1.375 \times 10^7(\text{mm}^3)$$

(1)扭矩设计值为 $T = 12\ \text{kN} \cdot \text{m}$。

①验算截面：

$$\frac{T}{W_t} = \frac{12 \times 10^6}{1.375 \times 10^7} = 0.87(\text{N/mm}^2) < 0.2\beta_c f_c = 0.2 \times 1.0 \times 9.6 = 1.92(\text{N/mm}^2)$$

故截面满足要求。

$$\frac{T}{W_t} = \frac{12 \times 10^6}{1.375 \times 10^7} = 0.87(\text{N/mm}^2) > 0.7f_t = 0.7 \times 1.1 = 0.77(\text{N/mm}^2)$$

故需按计算配筋。

②分配各矩形截面所承受的扭矩：

腹板 $$T_w = \frac{W_{tw}}{W_t}T = \frac{1.3 \times 10^7}{1.375 \times 10^7} \times 12 = 11.35(\text{kN} \cdot \text{m})$$

翼缘 $$T'_f = \frac{W'_{tf}}{W_t}T = \frac{7.5 \times 10^5}{1.375 \times 10^7} \times 12 = 0.65(\text{kN} \cdot \text{m})$$

③腹板的配筋计算：

取 $\zeta = 1.2$，代入公式求 A_{st1}/s：

$$\frac{A_{st1}}{s} = \frac{T_w - 0.35f_t W_{tw}}{1.2\sqrt{\zeta} f_{yv} A_{cor}} = \frac{11.35 \times 10^6 - 0.35 \times 1.10 \times 1.3 \times 10^7}{1.2 \times \sqrt{1.2} \times 210 \times 90\ 000} = 0.255$$

选用Φ 8 箍筋 $A_{st1} = 50.3\ \text{mm}^2$，$s = \frac{50.3}{0.255} = 197.25(\text{mm})$，取 $s = 190\ \text{mm}$。

验算配箍率：

$$\rho_{sv} = \frac{2A_{st1}}{bs} = \frac{2 \times 50.3}{250 \times 190} = 0.212\% > \rho_{sv,\min} = 0.28\frac{f_t}{f_{yv}} = 0.28 \times \frac{1.10}{210} = 0.147\%$$

按公式计算 A_{stl}：

$$A_{stl} = \zeta \frac{A_{st1}}{s} \frac{f_{yv} u_{cor}}{f_y} = 1.2 \times 0.255 \times \frac{210 \times 1\ 300}{300} = 278.46(\text{mm}^2)$$

选用 6 Φ 10，$A_{stl} = 471\ \text{mm}^2$，验算抗扭纵筋的最小配筋率 $\rho_{tl,\min}$：

$$\rho_{tl} = \frac{A_{stl}}{bh} = \frac{471}{250 \times 500} = 0.377\% > \rho_{tl,\min} = 0.85\frac{f_t}{f_y} = 0.85 \times \frac{1.10}{300} = 0.312\%$$

④受压翼缘配筋计算。

取 $\zeta = 1.2$，$A'_{f,cor} = 5\ 000\ \text{mm}^2$，则：

$$\frac{A_{st1}}{s}=\frac{T'_f-0.35f_tW'_{tf}}{1.2\sqrt{\zeta}f_{yv}A'_{f,cor}}=\frac{0.65\times10^6-0.35\times1.10\times7.5\times10^5}{1.2\times\sqrt{1.2}\times210\times5\,000}=0.262$$

选用Φ 8，$A_{st1}=50.3\ \text{mm}^2$，$s=\frac{50.3}{0.262}=191.98(\text{mm})$，取 $s=190$ mm，验算配箍率。

$$\rho_{sv}=\frac{2A_{st1}}{bs}=\frac{2\times50.3}{250\times190}=0.21\%>\rho_{sv,\min}=0.28\frac{f_t}{f_{yv}}=0.147\%$$

计算纵筋：

$$A_{stl}=\zeta\frac{A_{st1}}{s}\frac{f_{yv}u'_{f,cor}}{f_y}=1.2\times0.262\times\frac{210\times300}{300}=66.02(\text{mm}^2)$$

选用 4 Φ 10，$A_{stl}=314\ \text{mm}^2>\rho_{tl,\min}b'_{f,cor}h'_{f,cor}=0.85\frac{f_t}{f_y}b'_{f,cor}h'_{f,cor}=0.85\times\frac{1.10}{300}\times100\times50=15.58(\text{mm}^2)$。截面配筋如图 8-7 所示。

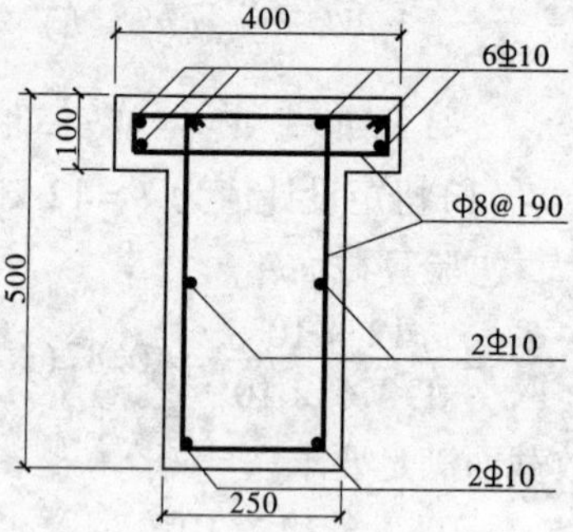

图 8-7

(2)扭矩设计值为 $T=12$ kN · m，剪力设计值为 $V=80$ kN。

①验算截面尺寸：

$$\frac{V}{bh_0}+\frac{T}{0.8W_t}=\frac{80\times10^3}{250\times465}+\frac{12\times10^6}{0.8\times1.375\times10^7}=1.78(\text{N/mm}^2)<0.25\beta_cf_c$$
$$=0.25\times1.0\times9.6=2.4(\text{N/mm}^2)$$

故截面满足要求。

$$\frac{V}{bh_0}+\frac{T}{W_t}=\frac{80\times10^3}{250\times465}+\frac{12\times10^6}{1.375\times10^7}$$
$$=1.56(\text{N/mm}^2)>0.7f_t=0.7\times1.1=0.77(\text{N/mm}^2)$$

故需按计算配筋。

②扭矩分配：

腹板 $$T_w=\frac{W_{tw}}{W_t}T=\frac{1.3\times10^7}{1.375\times10^7}\times12=11.35(\text{kN}\cdot\text{m})$$

翼缘 $$T'_f=\frac{W'_{tf}}{W_t}T=\frac{7.5\times10^5}{1.375\times10^7}\times12=0.65(\text{kN}\cdot\text{m})$$

③计算剪扭构件混凝土强度折减系数：

$$\beta_t=\frac{1.5}{1+0.5\frac{VW_{tw}}{T_wbh_0}}=\frac{1.5}{1+0.5\times\frac{80\times10^3\times1.375\times10^7}{12\times10^6\times250\times465}}=1.08>1.0$$

取 $\beta_t=1.0$。

④计算腹板剪扭钢筋。

计算抗剪钢筋，由公式 $V\leqslant0.7(1.5-\beta_t)f_tbh_0+1.25f_{yv}\frac{A_{sv}}{s}h_0$ 得：

$$\frac{nA_{sv1}}{s}\geqslant\frac{V-0.5\times0.7f_tbh_0}{1.25f_{yv}h_0}=\frac{80\times10^3-0.5\times0.7\times1.10\times250\times465}{1.25\times210\times465}=0.289(\text{mm}^2/\text{mm})$$

采用双肢箍，$n=2$，则 $\frac{A_{sv1}}{s} \geqslant 0.144(\mathrm{mm^2/mm})$。

计算腹板抗扭钢筋，取钢筋强度比 $\zeta=1.2$，由公式 $T_w \leqslant 0.35\beta_t f_t W_t + 1.2\sqrt{\zeta} f_{yv} \frac{A_{st1}A_{cor}}{s}$ 得：

$$\frac{A_{st1}}{s} \geqslant \frac{T_w - 0.35\beta_t f_t W_{t,w}}{1.2\sqrt{\zeta} f_{yv} A_{cor}} = \frac{11.35\times10^6 - 0.35\times1.0\times1.10\times1.3\times10^7}{1.2\times\sqrt{1.2}\times210\times90\ 000} = 0.255(\mathrm{mm^2/mm})$$

所需抗扭纵筋的面积为：

$$A_{stl} = \zeta \frac{A_{st1}}{s}\frac{u_{cor}f_{yv}}{f_y} = 1.2\times0.255\times\frac{1\ 300\times210}{300} = 278.46(\mathrm{mm^2})$$

$$\frac{T_w}{Vb} = \frac{11.35\times10^6}{80\times10^3\times250} = 0.57 < 2$$

$$\rho_{tl,\min} = 0.6\sqrt{\frac{T}{Vb}}\frac{f_t}{f_y} = 0.6\times\sqrt{0.57}\times\frac{1.10}{300} = 0.17\%$$

$$A_{stl} > \rho_{tl,\min}bh = 0.001\ 7\times250\times500 = 212.5(\mathrm{mm^2})$$

⑤计算受压翼缘抗扭钢筋。

按纯扭构件计算，仍取配筋强度比 $\zeta=1.2$，则：

$$\frac{A'_{st1}}{s} \geqslant \frac{T'_f - 0.35f_tW'_{tf}}{1.2\sqrt{\zeta}f_{yv}A'_{f,cor}} = \frac{0.65\times10^6 - 0.35\times1.10\times7.5\times10^5}{1.2\times\sqrt{1.2}\times210\times5\ 000} = 0.262(\mathrm{mm^2/mm})$$

$$A'_{stl} = \zeta\frac{A'_{st1}}{s}\frac{u'_{f,cor}f_{yv}}{f_y} = 1.2\times0.262\times\frac{300\times210}{300} = 66.02(\mathrm{mm^2})$$

⑥选配钢筋。

腹板抗剪扭箍筋：

$$\frac{A_{sv1}}{s} + \frac{A_{st1}}{s} \geqslant 0.144 + 0.255 = 0.399(\mathrm{mm^2/mm}) > \rho_{sv,\min}\frac{b}{n} = 0.28\frac{f_t}{f_{yv}}\frac{b}{n}$$

$$= 0.28\times\frac{1.10}{210}\times\frac{250}{2} = 0.183(\mathrm{mm^2/mm})$$

选Φ 8，单肢面积为50.3 mm²，则 $s \leqslant \frac{50.3}{0.399} = 126.07(\mathrm{mm})$，取 $s=120$ mm。

腹板抗扭纵筋：根据构造要求，抗扭纵筋不能少于6根，所以选6 Φ 10(471 mm²)。

受压翼缘箍筋选Φ 8，单肢面积为50.3 mm²，则 $s \leqslant \frac{50.3}{0.262} = 191.98(\mathrm{mm})$，取 $s=190$ mm。

受压翼缘抗扭纵筋选用4 Φ 10(314 mm²)，截面配筋如图8-7所示。

(3)扭矩设计值为 $T=12$ kN·m，弯矩设计值为 $M=72$ kN·m。

①验算截面尺寸：

$$\frac{T}{W_t} = \frac{12\times10^6}{1.375\times10^7} = 0.87(\mathrm{N/mm^2}) < 0.25\beta_c f_c = 0.25\times1.0\times9.6 = 2.4(\mathrm{N/mm^2})$$

故截面满足要求。

$$\frac{T}{W_t}=\frac{12\times10^6}{1.375\times10^7}=0.87(\mathrm{N/mm^2})>0.7f_t=0.7\times1.1=0.77(\mathrm{N/mm^2})$$

故需按计算配钢筋。

②扭矩分配：

腹板 $$T_w=\frac{W_{tw}}{W_t}T=\frac{1.3\times10^7}{1.375\times10^7}\times12=11.35(\mathrm{kN\cdot m})$$

翼缘 $$T'_f=\frac{W'_{tf}}{W_t}T=\frac{7.5\times10^5}{1.375\times10^7}\times12=0.65(\mathrm{kN\cdot m})$$

③计算抗弯所需纵向钢筋：

$$\alpha_1 f_c b'_f h'_f(h_0-\frac{h'_f}{2})=1.0\times9.6\times400\times100\times(465-\frac{100}{2})$$

$$=159.36\times10^6(\mathrm{N\cdot mm})=159.36\ \mathrm{kN\cdot m}>72\ \mathrm{kN\cdot m}$$

故为第一类T形截面，按矩形截面计算。

$$\alpha_s=\frac{M}{\alpha_1 f_c b'_f h_0^2}=\frac{72\times10^6}{1.0\times9.6\times400\times465^2}=0.087$$

$$\xi=1-\sqrt{1-2\alpha_s}=1-\sqrt{1-2\times0.087}=0.091<\xi_b=0.55$$

则 $$A_s=\frac{\alpha_1 f_c b\xi h_0}{f_y}=\frac{1.0\times9.6\times250\times0.091\times465}{300}=338.52(\mathrm{mm^2})$$

$$\rho_{\min}=0.45\frac{f_t}{f_y}=0.45\times\frac{1.10}{300}=0.165\%<0.2\%$$

取 $$\rho_{\min}=0.2\%$$

则 $$A_s>\rho_{\min}bh=0.002\times250\times500=250(\mathrm{mm^2})$$

④腹板抗扭计算。

取配筋强度比 $\zeta=1.2$，由公式 $T_w\leqslant0.35\beta_t f_t W_t+1.2\sqrt{\zeta}f_{yv}\frac{A_{st1}A_{cor}}{s}$ 得：

$$\frac{A_{st1}}{s}\geqslant\frac{T_w-0.35f_tW_{tw}}{1.2\sqrt{\zeta}f_{yv}A_{cor}}=\frac{11.35\times10^6-0.35\times1.10\times1.3\times10^7}{1.2\times\sqrt{1.2}\times210\times90\ 000}=0.255(\mathrm{mm^2/mm})$$

所需抗扭纵筋的面积为：

$$A_{stl}=\zeta\frac{A_{st1}}{s}\frac{u_{cor}f_{yv}}{f_y}=1.2\times0.255\times\frac{1\ 300\times210}{300}=278.46(\mathrm{mm^2})$$

$$\rho_{tl,\min}=0.85\frac{f_t}{f_y}=0.85\times\frac{1.10}{300}=0.316\%$$

$$A_{stl}>\rho_{tl,\min}bh=0.316\%\times250\times500=395(\mathrm{mm^2})$$

⑤计算受压翼缘抗扭钢筋。

按纯扭构件计算，仍取配筋强度比 $\zeta=1.2$，则：

$$\frac{A'_{st1}}{s}\geqslant\frac{T'_f-0.35f_tW'_{tf}}{1.2\sqrt{\zeta}f_{yv}A'_{f,cor}}=\frac{0.65\times10^6-0.35\times1.10\times7.5\times10^5}{1.2\times\sqrt{1.2}\times210\times5\ 000}=0.262(\mathrm{mm^2/mm})$$

$$A'_{stl}=\zeta\frac{A'_{st1}}{s}\frac{u'_{f,cor}f_{yv}}{f_y}=1.2\times0.262\times\frac{300\times210}{300}=66.02(\mathrm{mm^2})$$

⑥选配钢筋。

受压翼缘箍筋选用Φ 8，单肢面积为50.3 mm²，则 $s \leqslant \dfrac{50.3}{0.262} = 191.98(\text{mm})$，取 $s = 190\ \text{mm}$。

受压翼缘抗扭纵筋选用4 Φ 10（$A'_{stl} = 314\ \text{mm}^2$）。

腹板箍筋选用Φ 8，单肢面积为50.3 mm²，则：

$s \leqslant \dfrac{50.3}{0.255} = 197.25(\text{mm})$，取 $s = 190\ \text{mm}$。

抗扭纵筋 $A_{stl} = 278.46\ \text{mm}^2$，分为上、中、下三排布置，每排面积为 $\dfrac{A_{stl}}{3} = 92.82\ \text{mm}^2$，则上、中部可以选用2 Φ 10（157 mm²），下部所需钢筋面积为 $A_s + \dfrac{A_{stl}}{3} = 338.52 + 92.82 = 431.34(\text{mm}^2)$，可以选用3 Φ 14（462 mm²）。截面配筋如图8-8所示。

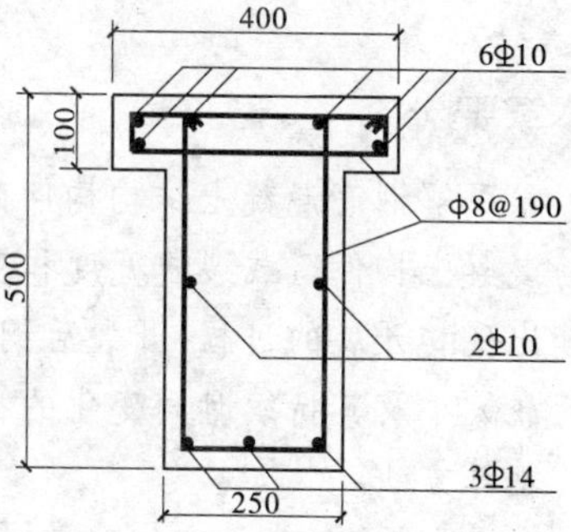

图8-8

(4)扭矩设计值 $T = 12\ \text{kN}\cdot\text{m}$；弯矩设计值为 $M = 72\ \text{kN}\cdot\text{m}$；剪力设计值为 $V = 80\ \text{kN}$。

由(2)、(3)可知：

受压翼缘箍筋选用Φ 8，单肢面积为50.3 mm²，则 $s \leqslant \dfrac{50.3}{0.262} = 191.98(\text{mm})$，取 $s = 190\ \text{mm}$，抗扭纵筋选用4 Φ 10（314 mm²）。

腹板抗剪扭箍筋为：

$$\frac{A_{sv1}}{s} + \frac{A_{st1}}{s} \geqslant 0.144 + 0.255 = 0.399(\text{mm}^2/\text{mm}) > \rho_{sv,\min}\frac{b}{n}$$

$$= 0.28\frac{f_t}{f_{yv}}\frac{b}{2} = 0.28 \times \frac{1.10}{210} \times \frac{250}{2} = 0.183(\text{mm}^2/\text{mm})$$

选用Φ 8，单肢面积为50.3 mm²，则 $s \leqslant \dfrac{50.3}{0.399} = 126.07(\text{mm})$，取 $s = 120\ \text{mm}$。

腹板抗扭纵筋 $A_{stl} = 278.46\ \text{mm}^2$，抗弯纵筋 $A_s = 338.52\ \text{mm}^2$。将抗扭纵筋分上、中、下三排布置，每排面积为 $\dfrac{A_{stl}}{3} = 92.82\ \text{mm}^2$，则上、中部可以选用2 Φ 10（157 mm²）。下部所需钢筋面积为 $A_s + \dfrac{A_{stl}}{3} = 338.52 + 92.82 = 431.34(\text{mm}^2)$，可以选用3 Φ 14（462 mm²），截面配筋如图8-9所示。

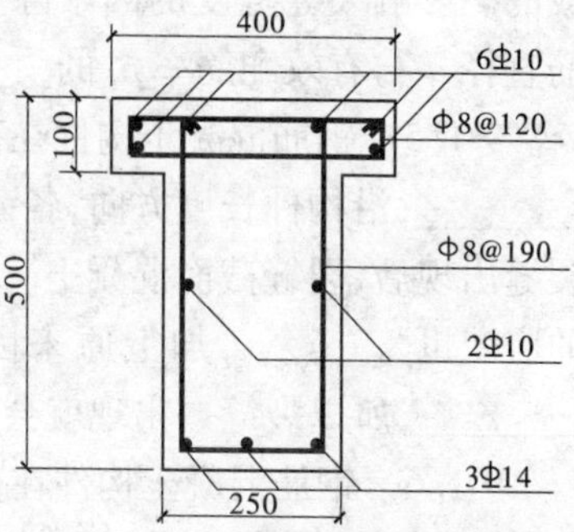

图8-9

第九章　钢筋混凝土构件正常使用极限状态验算

本章要点

了解钢筋混凝土结构构件荷载裂缝和非荷载裂缝形成的原因和相应的措施;了解钢筋混凝土构件荷载裂缝宽度和变形验算的目的和条件;深入理解钢筋混凝土构件荷载裂缝出现和开展的过程,开裂后钢筋和混凝土的应变分布规律,裂缝宽度和截面抗弯刚度随荷载大小及其持续时间变化的特性;掌握钢筋混凝土构件荷载裂缝宽度和受弯构件挠度的验算方法。

一、填空题

9-1.1　对于承受水压的____________构件和____________构件,应进行抗裂验算。对于发生裂缝后会引起________的其他构件,也应进行抗裂验算。

9-1.2　钢筋对钢筋混凝土构件的抗裂能力所起的作用________。因为混凝土即将开裂时,钢筋的拉应力 $\sigma_s \approx$ ________ N/mm^2,可见此时钢筋的应力是________。所以,用增加钢筋的办法来提高构件的抗裂能力是________,也是________。构件抗裂能力主要靠____________和提高__________来保证,也可采取________________或在混凝土中________等根本措施。

9-1.3　裂缝开展宽度的计算理论有____________、______________和综合裂缝理论三种。

9-1.4　裂缝的开展是由于钢筋和混凝土之间不再保持________而出现________造成的。影响裂缝宽度的因素除____外,还有钢筋直径 d 与有效配筋率 ρ_{te} 的________。

9-1.5　钢筋混凝土构件在荷载作用下,裂缝未出现前,受拉区由混凝土和钢筋共同________,沿构件长度方向,各截面的受拉钢筋应力及受拉混凝土应力大体上________。裂缝出现后,裂缝截面混凝土________承受拉力,裂缝截面的钢筋应力会________,钢筋的应变也________,加上原来因受拉而张紧的混凝土在裂缝出现的瞬间向裂缝两边________,所以裂缝一出现就会有一定的________。

9-1.6　钢筋混凝土构件在荷载作用下,若计算所得的最大裂缝宽度超过允许值,则应采取相应措施,以减小裂缝宽度,例如,可以适当________钢筋的直径;采用________钢筋;必要时可适当________配筋量,以________使用阶段的钢筋应力。对于抗裂和限制裂缝宽度而言,最根本的方法是采用________________。

9-1.7　理想弹性体梁,当截面尺寸和材料已定时,截面的抗弯刚度 EI 就为________,所以其弯矩 M 和挠度 a_f 呈________关系;而钢筋混凝土梁随着荷载的增加,其刚度值是逐渐________的，故其弯矩与挠度 a_f 呈________关系。

9-1.1 【答】轴心受拉件、小偏心受拉，严重渗漏

9-1.2 【答】不大、20～30、很小的、不经济的、不合理的、加大截面面积、混凝土强度、预应力混凝土结构、掺加纤维

9-1.3 【答】黏结滑移理论，无黏结滑移理论

9-1.4 【答】相同的应变、黏结滑移、裂缝截面处的钢筋应力大小和混凝土的保护层厚度、比值

9-1.5 【答】受力、保持均等、不再、突然增大、突增、回缩、宽度

9-1.6 【答】减小、带肋、增加、减小、预应力混凝土结构

9-1.7 【答】常数、线性、减小、非线性

二、选择题

9-2.1 有两个截面尺寸、混凝土强度等级、钢筋级别均相同，配筋率 ρ 不同的轴心受拉构件，在它们即将开裂时(　　)。

A. ρ 大的构件，钢筋应力 σ_s 小

B. ρ 小的构件，钢筋应力 σ_s 大

C. 两个构件的 σ_s 均相同

9-2.2 有两个混凝土强度等级、钢筋品种、钢筋面积均相同，截面尺寸大小不同的轴心受拉构件，当它们开裂时(　　)。

A. 截面尺寸大的构件，钢筋应力 σ_s 小

B. 截面尺寸小的构件，钢筋应力 σ_s 大

C. 两个构件的 σ_s 均相同

9-2.3 在其他条件不变的情况下，钢筋混凝土适筋梁裂缝出现时的弯矩 M_{cr} 与破坏时的极限弯矩 M_u 的比值，随着配筋率 ρ 的增大而(　　)。

A. M_{cr}/M_u 增大　　B. M_{cr}/M_u 减小　　C. M_{cr}/M_u 不变

9-2.4 有两根钢筋混凝土梁，甲梁的抗弯承载力比乙梁的抗弯承载力大，则甲梁的刚度(　　)。

A. 比乙梁的刚度大　　B. 比乙梁的刚度小

C. 可能比乙梁的刚度大，也可能比乙梁的刚度小

9-2.5 长期荷载作用下，钢筋混凝土梁的挠度会随时间而增大，其主要原因是(　　)。

A. 受拉钢筋产生塑性变形

B. 受拉混凝土产生塑性变形

C. 受压混凝土产生徐变

9-2.6 在室内正常条件下，为什么裂缝宽度限制值可以比室外大些，梁柱保护层厚度可小些(　　)。

A. 室外条件差，混凝土易碳化　　B. 室内虽有 CO_2 且容易碳化，但钢筋不易生锈

C. 室外温差大,易开裂

9-2.7 ψ 是裂缝间纵向受拉钢筋的应变不均匀系数,其值越小,表示(   )。

A. 受拉钢筋应变越均匀　　B. 钢筋承受拉力的程度越大

C. 混凝土参与承受拉力的程度越小　　D. 混凝土参与承受拉力的程度越大

9-2.8 受弯构件纯弯区段内,开裂前混凝土与钢筋之间黏结应力(   )。

A. 为0　　B. 均匀分布　　C. 不均匀分布

9-2.9 钢筋混凝土轴心受拉构件在使用荷载作用下,平均裂缝间距范围内,钢筋的应力图形为(   )。

A

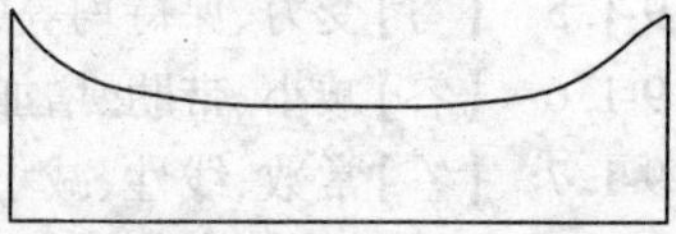
B

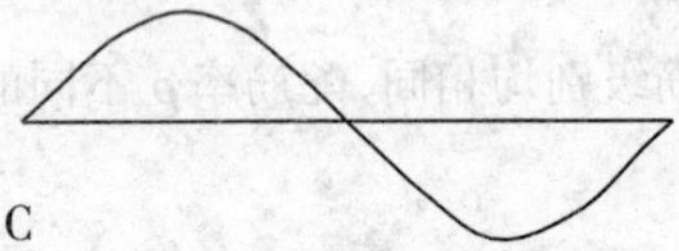
C

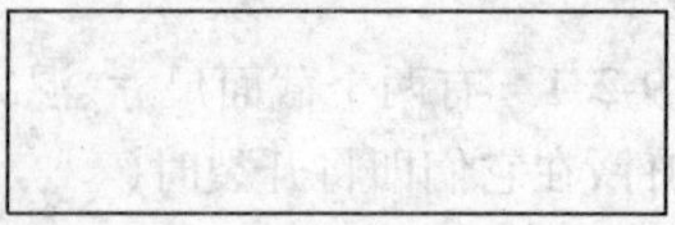
D

9-2.10 用(   )可有效地减小构件的裂缝开展宽度。

A. 高强钢筋　　B. 变形钢筋　　C. 低强度等级混凝土　　D 斜截面承载能力

9-2.1【答】C　9-2.2【答】C　9-2.3【答】B　9-2.4【答】C　9-2.5【答】C

9-2.6【答】C　9-2.7【答】D　9-2.8【答】B　9-2.9【答】D　9-2.10【答】B

三、判断题

9-3.1 在持久设计状况下,对所有的钢筋混凝土结构构件均应进行承载能力和正常使用极限状态的计算。(   )

9-3.2 钢筋混凝土构件的最大裂缝宽度等于裂缝间钢筋平均应变乘以最大裂缝间距。(   )

9-3.3 提高混凝土与钢筋之间黏结力,能减少钢筋混凝土轴心受拉构件的裂缝宽度。(   )

9-3.4 用增加纵向钢筋的方法来减小构件的裂缝开展宽度是一项非常经济有效的措施。(   )

9-3.5 受拉钢筋应变不均匀系数 ψ 是一个大于1的数值。(   )

9-3.6 可变荷载的最大值并非长期作用在结构上,故按荷载准永久效应组合时,可变荷载用准永久值。(   )

9-3.7 平均裂缝间距 l_m 主要与钢筋和混凝土间的黏结强度有关。(   )

9-3.8 在计算 l_m 及 ψ 时,采用受拉纵筋有效配筋率 ρ_{te},主要是近似考虑受拉钢筋对混凝土的有效约束范围。(   )

9-3.9　相同ρ_{te}下，钢筋直径 d 小者 l_m 大些。（　　）

9-3.10　ψ 表示裂缝间受拉混凝土参加工作的程度，当 $\psi=1$ 时，表明混凝土完全脱离工作。（　　）

9-3.11　矩形、T形、工字形梁在第二阶段时裂缝截面处内力臂长度系数 $\eta=0.87$，表明与 ρ 无关。（　　）

9-3.12　受弯构件 $\sigma_{sk}=\dfrac{M_k}{0.87h_0A_s}$，表明 σ_{sk} 与构件的截面形状无关。（　　）

9-3.13　在截面相同的受弯构件中，配筋率高者 σ_{sk} 小些，因而裂缝宽度相应小些。（　　）

9-3.14　受弯构件考虑荷载长期作用下的刚度时，将 B_s 除以挠度增大的影响系数 θ 即可。（　　）

9-3.15　构件处于干燥地区时，荷载长期作用下的挠度会加大。（　　）

9-3.16　配有受压钢筋时，可减少混凝土收缩与徐变对挠度的影响。（　　）

9-3.17　配筋率较高的受弯构件，正截面承载力高，但 B_l 增大不多，因而挠度不易满足。（　　）

9-3.18　配筋率低的受弯构件，正截面承载力低些，因而裂缝宽度易满足。（　　）

9-3.1　【答】√

9-3.2　【答】×，改错：钢筋混凝土构件的最大裂缝宽度不等于裂缝间钢筋平均应变乘以最大裂缝间距

9-3.3　【答】√

9-3.4　【答】×，改错：用增加纵向钢筋来减少裂缝宽度很不经济

9-3.5　【答】×，改错：$\psi\leqslant 1$

9-3.6　【答】√

9-3.7　【答】×，改错：平均裂缝间距 l_m 主要与钢筋直径、有效配筋率和混凝土的保护层厚度有关

9-3.8　【答】√

9-3.9　【答】×，改错：钢筋直径 d 大者 l_m 大些

9-3.10　【答】√

9-3.11　【答】√

9-3.12　【答】√

9-3.13　【答】√

9-3.14　【答】×，改错：受弯构件考虑荷载长期作用下的刚度时，将 B_s 引入 θ 影响进行折减，并非只是将 B_s 除以挠度增大的影响系数 θ

9-3.15　【答】√

9-3.16　【答】√

9-3.17　【答】√

9-3.18　【答】×，改错：配筋率低的受弯构件，正截面承载力低，裂缝宽度也不易满足

四、简答题

9-4.1　正常使用极限状态验算时荷载组合和材料强度如何选择？

【答】规范规定，正常使用极限状态验算时，荷载组合应按荷载效应标准组合和准永久组合进行计算，其计算值不应超过规范规定的相应限值；材料强度值的选取应采用规范规定的材料强度标准值，具体值可按照《荷载规范》查取。

(1)对于标准组合，荷载效应组合值 S_k 应按下式采用：

$$S_k = S_{Gk} + S_{Q1k} + \sum_{i=2}^{n} \psi_{ci} S_{Qik}$$

这种组合主要用于当一个极限状态被超越时将产生严重的永久性损伤的情况。

(2)对于准永久组合，荷载效应组合值 S_q 可按下式采用：

$$S_q = S_{Gk} + \sum_{i=1}^{n} \psi_{qi} S_{Qik}$$

这种组合主要用在当荷载的长期效应是决定性因素时的一些情况。

9-4.2　试比较钢筋混凝土受弯构件抗裂验算公式和材料力学中梁的应力计算公式的异同。在抗裂验算公式中，塑性影响系数的含义是什么？它的取值与哪些因素有关？

【答】受弯构件的正截面抗裂验算的计算公式为：

$$M_k \leqslant \alpha_{ct} \gamma_m f_{tk} W_0$$

式中　W_0——换算截面对受拉边缘的弹性抵抗矩，$W_0 = I_0/(h - y_0)$；

M_k——由荷载标准组合或准永久组合计算的弯矩值；

α_{ct}——混凝土拉应力限制系数；

f_{tk}——混凝土抗拉强度标准值；

y_0——换算截面重心轴至受压边缘的距离；

I_0——换算截面对其重心轴的惯性矩；

γ_m——截面抵抗矩的塑性系数。

材料力学中计算纯弯构件的应力计算公式为：$\sigma = M/W$ 则 $M = W\sigma$，所以可以看出 M_k 相当于 M，$\alpha_{ct}\gamma_m f_{tk}$ 相当于 σ，W_0 相当于 W。

比较以上的两个公式可以看出：在受弯构件的抗裂验算时，利用平截面假定，采用等效换算的方法，在保持抗裂弯矩不变的情况下，将受压区梯形应力图形等效折算成直线分布的应力图形，此时受拉区边缘应力 f_t 折算为 $\gamma_m f_t$，γ_m 称为截面抵抗矩的塑性系数，γ_m 的含义是受拉混凝土应力图形等效以后受拉边缘混凝土的拉应力与等效前受拉边缘混凝土拉应力的比值，它的取值与截面的几何形状及构件处于极限状态时截面的应力分布情况有关。

9-4.3　提高构件的抗裂能力可以采取哪些措施？

【答】提高构件的抗裂能力可采取以下措施：提高混凝土的强度等级、增大截面尺寸、增大截面的塑性抵抗矩、增加配筋量等，最根本的措施是采用预应力混凝土结构。

9-4.4　产生裂缝的原因有哪些？减小裂缝宽度的有效措施有哪些？

【答】在混凝土结构中，除荷载作用会引起裂缝外，非荷载因素如温度变化、混凝土收缩、基础不均匀沉降、塑性坍落、冰冻、钢筋锈蚀及碱—骨料化学反应等都能引起裂缝。减小裂缝宽度的有效措施有:①采用细钢筋;②采用肋纹钢筋;③增加钢筋用量;④增大截面尺寸;⑤采用预应力混凝土。

9-4.5　影响钢筋混凝土梁刚度的因素有哪些？提高构件刚度的有效措施是什么？

【答】影响钢筋混凝土构件刚度的因素很多,包括构件的截面形式和尺寸,混凝土强度等级,钢筋的强度等级,钢筋的布置形式和钢筋用量等。通过分析,提高截面刚度最有效的措施是:增加截面高度,增加受拉或受压翼缘可使刚度有所增加。当设计截面高度不能加大时,可考虑增加纵向受拉钢筋截面面积或提高混凝土强度等级来提高截面刚度,但作用不是很明显,也可以在构件受压区配置一定数量的受压钢筋来提高截面的刚度。

五、计算题

9-5.1　某水工建筑物,处于二类 a 环境,底板 $h=1\ 600$ mm,跨中截面荷载标准组合弯矩值 $M_k=580$ kN·m。采用 C25 级混凝土,HRB335 级钢筋。根据承载力计算,已配置纵向受拉钢筋Φ 18@110($A_s=2\ 313\ \text{mm}^2$)。试验算板底是否抗裂。

【解】(1)基本设计参数。

取 1 m 宽度板作为计算单元进行计算。

查附表 3 和附表 6 及附表 8 可知:C25 混凝土 $f_{tk}=1.78\ \text{N/mm}^2$,$E_c=2.8\times10^4\ \text{N/mm}^2$;HRB335 级钢筋 $E_s=2.0\times10^5\ \text{N/mm}^2$;$\alpha_{ct}=0.85$。查附表 10 可知,C25 混凝土二类 a 环境,取 $a_s=30$ mm,则 $h_0=h-a_s=1\ 600-30=1\ 570$(mm)。查附表 11 可知,$\gamma_m=1.55$,$A_s=2\ 313\ \text{mm}^2$。

$$\alpha_E=E_s/E_c=2.0\times10^5/2.8\times10^4=7.14$$

$$\rho=\frac{A_s}{bh_0}=\frac{2\ 313}{1\ 000\times1\ 570}=1.47\times10^{-3}$$

由式(9-6)得:

$$A_0=bh+\alpha_E A_s=1\ 000\times1\ 600+7.14\times2\ 313=1\ 616\ 514.82\ (\text{mm}^2)$$

由式(9-7)得:

$$y_0=\frac{\dfrac{bh^2}{2}+\alpha_E A_s h_0}{bh+\alpha_E A_s}=\frac{\dfrac{1\ 000\times1\ 600^2}{2}+7.14\times2\ 313\times1\ 570}{1\ 000\times1\ 600+7.14\times2\ 313}=807.87(\text{mm})$$

由式(9-8)得:

$$\begin{aligned}I_0&=\frac{by_0^3}{3}+\frac{b(h-y_0)^3}{3}+\alpha_E A_s(h_0-y_0)^2\\&=\frac{1\ 000\times807.87^3}{3}+\frac{1\ 000(1\ 600-807.87)^3}{3}+7.14\times2\ 313\times(1\ 570-807.87)^2\\&=3.41\times10^{11}(\text{mm}^4)\end{aligned}$$

$$W_0=\frac{I_0}{h-y_0}=\frac{3.41\times10^{11}}{1\ 600-807.87}=0.43\times10^9(\text{mm}^3)$$

或由式(9-9)得:

$y_0 = (0.5 + 0.425\alpha_E\rho)h = (0.5 + 0.425 \times 7.14 \times 1.47 \times 10^{-3}) \times 1\,600 = 807.1(\text{mm})$

或由式(9-10)得：

$I_0 = (0.083\,3 + 0.19\alpha_E\rho)bh^3$

$= (0.083\,3 + 0.19 \times 7.14 \times 1.47 \times 10^{-3}) \times 1\,000 \times 1\,600^3 = 3.49 \times 10^{11}(\text{mm}^4)$

$$W_0 = \frac{I_0}{h - y_0} = \frac{3.49 \times 10^{11}}{1\,600 - 807.1} = 0.44 \times 10^9(\text{mm}^3)$$

(2)截面抗裂验算。

考虑截面高度的影响，对 γ_m 值进行修正，得：

$$\gamma_m = (0.7 + \frac{120}{1\,600}) \times 1.55 = 1.20$$

$M_k = 580\ \text{kN} \cdot \text{m} < \alpha_{ct}\gamma_m f_{tk}W_0 = 0.85 \times 1.20 \times 1.78 \times 0.44 \times 10^9 = 798.86(\text{kN} \cdot \text{m})$

故截面设计满足抗裂要求。

9-5.2　某矩形截面简支梁，处于一类环境，$b \times h = 200\ \text{mm} \times 500\ \text{mm}$，计算跨度 $l_0 = 4.5\ \text{m}$。使用期间承受均布恒载标准值 $g_k = 17.5\ \text{kN/m}$（含自重），均布可变荷载标准值 $q_k = 11.5\ \text{kN/m}$。可变荷载的准永久值系数 $\rho = 0.5$。采用 C25 混凝土，HRB355 级钢筋。已配纵向受拉钢筋 2 Φ 14 + 2 Φ 16。试验算裂缝宽度是否满足要求。

【解】(1)求弯矩标准值。

标准组合下的弯矩值为：

$$M_k = \frac{1}{8}(g_k + q_k)l_0^2 = \frac{1}{8} \times (17.5 + 11.5) \times 4.5^2 = 73.4(\text{kN} \cdot \text{m})$$

(2)有关参数计算。

查附表 3、附表 6 和附表 8 可知：C25 混凝土 $f_{tk} = 1.78\ \text{N/mm}^2$，$E_c = 2.8 \times 10^4\ \text{N/mm}^2$，HRB335 级钢筋 $E_s = 2.0 \times 10^5\ \text{N/mm}^2$；查附表 10：C25 混凝土一类环境，取 $a_s = 35\ \text{mm}$，则 $h_0 = h - a_s = 500 - 35 = 465(\text{mm})$；$A_s = 710\ \text{mm}^2$，$w_{\lim} = 0.3\ \text{mm}$。

$$\rho_{te} = \frac{A_s}{0.5bh} = \frac{710}{0.5 \times 200 \times 500} = 0.014\,2 > 0.010$$

$$\sigma_{sk} = \frac{M_k}{0.87h_0A_s} = \frac{73.4 \times 10^6}{0.87 \times 465 \times 710} = 255.54(\text{N/mm}^2)$$

$$\psi = 1.1 - 0.65\frac{f_{tk}}{\rho_{te}\sigma_{sk}} = 1.1 - 0.65 \times \frac{1.78}{0.014\,2 \times 255.54} = 0.781 > 0.2 \text{ 且 } \psi < 1.0$$

$$d_{eq} = \frac{\sum n_i d_i^2}{\sum n_i \nu_i d_i} = \frac{2 \times 14^2 + 2 \times 16^2}{2 \times 1 \times 14 + 2 \times 1 \times 16} = 15.1(\text{mm})$$

(3)裂缝验算：

$$w_{\max} = 2.1\psi\frac{\sigma_{sk}}{E_s}(1.9c + 0.08\frac{d_{eq}}{\rho_{te}})$$

$$= 2.1 \times 0.781 \times \frac{255.54}{2.0 \times 10^5} \times (1.9 \times 25 + 0.08 \times \frac{15.1}{0.014\,2})$$

$$= 0.278(\text{mm}) < w_{\lim} = 0.3\ \text{mm}$$

经验算，构件满足裂缝宽度限值要求。

9-5.3　某矩形截面简支梁，已知条件与题 9-5.2 相同，试验算梁的挠度是否满足要求（该构件的挠度限值为 1/200）。

【解】(1) 求弯矩标准值。

标准组合下的弯矩值为：

$$M_k = \frac{1}{8}(g_k + q_k)l_0^2 = \frac{1}{8} \times (17.5 + 11.5) \times 4.5^2 = 73.4(\text{kN} \cdot \text{m})$$

准永久组合下的弯矩值为：

$$M_q = \frac{1}{8}(g_k + q_k\psi_q)l_0^2 = \frac{1}{8} \times (17.5 + 11.5 \times 0.5) \times 4.5^2 = 58.85(\text{kN} \cdot \text{m})$$

(2) 有关参数计算。

查附表 3、附表 6 和附表 8 可知：C25 混凝土 $f_{tk} = 1.78\ \text{N/mm}^2$，$E_c = 2.8 \times 10^4\ \text{N/mm}^2$，HRB335 级钢筋 $E_s = 2.0 \times 10^5\ \text{N/mm}^2$。查附表 10：C25 混凝土一类环境，取 $a_s = 35$ mm，则 $h_0 = h - a_s = 500 - 35 = 465(\text{mm})$；$A_s = 710\ \text{mm}^2$。

$$\rho_{te} = \frac{A_s}{0.5bh} = \frac{710}{0.5 \times 200 \times 500} = 0.0142 > 0.010$$

$$\sigma_{sk} = \frac{M_k}{0.87h_0A_s} = \frac{73.4 \times 10^6}{0.87 \times 465 \times 710} = 255.54(\text{N/mm}^2)$$

$$\psi = 1.1 - 0.65\frac{f_{tk}}{\rho_{te}\sigma_{sk}} = 1.1 - 0.65 \times \frac{1.78}{0.0142 \times 255.54} = 0.781 > 0.2 \text{ 且 } \psi < 1.0$$

$$\alpha_E = E_s/E_c = 2.0 \times 10^5/(2.8 \times 10^4) = 7.14$$

$$\rho = \frac{A_s}{bh_0} = \frac{710}{200 \times 465} = 0.0076$$

(3) 计算短期刚度 B_s：

$$B_s = \frac{E_sA_sh_0^2}{1.15\psi + 0.2 + 6\alpha_E\rho} = \frac{2.0 \times 10^5 \times 710 \times 465^2}{1.15 \times 0.781 + 0.2 + 6 \times 7.14 \times 0.0076}$$

$$= 2.16 \times 10^{13}(\text{N} \cdot \text{mm}^2)$$

(4) 计算长期刚度 B。

当 $\rho' = 0$ 时，$\theta = 2.0$，则：

$$B = \frac{M_k}{M_k + (\theta - 1)M_q}B_s = \frac{73.4}{73.4 + (2.0 - 1) \times 58.85} \times 2.16 \times 10^{13}$$

$$= 1.20 \times 10^{13}(\text{N} \cdot \text{mm}^2)$$

(5) 挠度计算：

$$a_{f,\max} = \frac{5}{48} \times \frac{M_kl_0^2}{B} = \frac{5}{48} \times \frac{73.4 \times 10^6 \times 4.5^2 \times 10^6}{1.20 \times 10^{13}}$$

$$= 12.90(\text{mm}) < \frac{l_0}{200} = \frac{4500}{200} = 22.5(\text{mm})$$

经验算该梁挠度满足规范要求。

第十章　预应力混凝土构件计算

本章要点

预应力混凝土构件是不同于钢筋混凝土构件的另一种类型的构件。要求学生熟练掌握预应力混凝土轴心受拉构件的设计方法；了解预应力混凝土的基本概念；了解先张法预应力混凝土受弯构件与钢筋混凝土受弯构件的受力特点、设计计算方面的联系和区别；掌握先张法预应力混凝土受弯构件的设计方法；熟悉预应力混凝土构件的构造要求；了解预应力混凝土与无黏结预应力混凝土的基本概念。

本章的难点是预应力混凝土构件中的预应力损失。由于引起预应力损失的因素较多，各种预应力损失出现的时刻和延续的时间各不相同，先张法构件和后张法构件在同一应力阶段上发生的预应力损失也不尽相同，因而增加了计算的复杂性。

一、填空题

10-1.1　预应力混凝土构件按施工方法可以分为________和________。

10-1.2　先张法主要靠________，而后张法主要靠________传递预应力。

10-1.3　张拉控制应力 σ_{con} 是______________________________________；后张法的 σ_{con} 取值小于先张法，因为前者______________________________。

10-1.4　计算预应力混凝土受弯构件由预应力产生的混凝土法向应力时，对先张法构件用________截面几何特征值，对后张法构件用________截面几何特征。

10-1.1　【答】先张法、后张法

10-1.2　【答】黏结力、端头锚具

10-1.3　【答】指预应力钢筋张拉时需要达到的最大应力值，即用张拉设备所控制施加的张拉力除以预应力钢筋截面面积所得的应力；没有混凝土弹性压缩引起的预应力值的降低

10-1.4　【答】换算、净

二、选择题

10-2.1　普通钢筋混凝土结构不能充分发挥高强钢筋的作用，主要原因是(　　)。

A. 受压混凝土先破坏　　B. 未配高强混凝土　　C. 不易满足正常使用极限状态

10-2.2　对构件施加预应力的主要目的是(　　)。

A. 提高承载力　　B. 避免裂缝或减小裂缝(使用阶段)，发挥高强材料作用

C. 对构件进行检验

10-2.3　条件相同的先张法、后张法轴拉构件，当 σ_{con} 及 σ_l 相同时，预应力钢筋的应

力 $\sigma_{pe\text{II}}$ 中(　　)。

A. 二者 σ_{con} 相同　　　B. 后张法 σ_{con} 大于先张法

C. 后张法 σ_{con} 小于先张法

10-2.4　条件相同的先、后张法轴拉构件,当 σ_l 及混凝土有效预应力 $\sigma_{pe\text{II}}$ 相同时,(　　)。

A. 二者 σ_{con} 相等　　　B. 后张法 σ_{con} 大于先张法

C. 后张法 σ_{con} 小于先张法

10-2.5　后张法轴拉构件完成全部预应力损失后,预应力钢筋的总预拉力 $N_{p\text{II}}=50$ kN,若加载至混凝土应力为零,外载 N_0 为(　　)。

A. 等于 50 kN　　　B. 大于 50 kN　　　C. 小于 50 kN

10-2.1【答】A　10-2.2【答】B　10-2.3【答】B　10-2.4【答】C　10-2.5【答】A

三、简答题

10-3.1　为什么要对构件施加预应力?预应力混凝土结构的优缺点是什么?

【答】普通钢筋混凝土构件是由纵筋、箍筋和混凝土自然地结合在一起工作,其最大的缺点是抗裂性能差。由于混凝土的极限拉应变很小,在使用荷载作用下受拉区混凝土开裂,使构件的刚度降低,变形增大。如果对构件施加预应力可以改善构件的抗裂性能,可以部分或全部抵消外荷载产生的拉应力,因而可减少甚至避免混凝土裂缝的出现。预应力混凝土的优点:①可以提高构件的抗裂能力,增大构件的刚度,扩大了构件的应用范围;②充分利用高强材料;③改善了结构的耐久性;④提高构件的抗剪承载力;⑤可以降低工程造价。预应力混凝土的缺点:施工工序多,对施工技术要求高且需要张拉设备、锚夹具及劳动力费用高。

10-3.2　为什么在预应力混凝土构件中可以有效地采用高强度的材料?

【答】预应力混凝土构件中,预应力钢筋先被预拉,而后在外荷载作用下钢筋拉应力进一步增大,因而始终处于高拉应力状态,即能够有效利用高强度钢筋;而且钢筋的强度高,可以减小所需要的钢筋截面面积。同时,尽可能采用高强度等级的混凝土,以便与高强度钢筋相配合,获得较经济的构件截面尺寸。

10-3.3　什么是张拉控制应力 σ_{con}?为什么取值不能过高或过低?

【答】张拉控制应力是指预应力钢筋在进行张拉时所控制达到的最大应力值,也就是张拉设备(如千斤顶)上的测力计所指示的总张拉力除以预应力钢筋截面面积得出的应力值,用 σ_{con} 表示。如果 σ_{con} 取值过高,又会产生以下不良后果:①由于钢材材质的不均匀,钢筋强度又具有一定的离散性,有可能在张拉过程中使个别钢筋的应力超过其屈服强度,从而使钢筋产生塑性变形,甚至发生脆断;②构件出现裂缝时的荷载接近极限荷载,使构件在破坏前无明显破坏预兆,构件延性较差;③在施工阶段会使构件的某些部位受到拉力甚至开裂,对后张法构件则可能造成端部混凝土局部受压破坏;④张拉控制应力 σ_{con} 越高,钢筋的应力松弛将随之增大,预应力损失增加。

另外,张拉控制应力愈高,混凝土所受到的预压应力愈大,构件的抗裂性能愈好,还可以节约预应力钢筋，再有在构件制造过程中会有很多预应力损失产生，所以张拉应力不能过低，否则最后混凝土获得的预应力就会很少，构件就不能满足使用要求。

10-3.4　为什么先张法的张拉控制应力比后张法的高一些？

【答】因为先张法的预应力损失高于后张法的预应力损失，所以先张法的张拉控制应力值高于后张法。后张法在张拉预应力钢筋时，混凝土即产生弹性压缩，所以张拉控制应力为混凝土压缩后的预应力钢筋应力值；而先张法构件，混凝土是在预应力钢筋放张后才产生弹性压缩的，故需考虑混凝土弹性压缩引起的预应力值的降低。

10-3.5　预应力损失的种类有哪些？是由什么原因引起的？怎样减少预应力损失值？

【答】预应力损失的种类、产生的原因及减少损失的方法见表10-1。

表10-1　预应力损失的种类、产生的原因及减少损失的方法

预应力损失种类	产生的原因	减少损失的方法
锚具变形和钢筋内缩引起的预应力损失 σ_{l1}	锚具压缩变形、垫板与构件之间的缝隙被挤紧以及钢筋和楔块在锚具内的滑移等	选择锚具变形和钢筋内缩值小的锚具；尽量减少垫板的数量；对于先张法，可增加台座的长度
预应力钢筋与孔道壁之间的摩擦引起的预应力损失 σ_{l2}	后张法预应力钢筋的预留孔道分直线形和曲线形。由于孔道的制作偏差、孔道壁粗糙以及钢筋与孔壁的挤压，张拉预应力筋时钢筋将与孔壁发生摩擦	采用两端张拉，采用超张拉
预应力钢筋与台座之间温差引起的预应力损失 σ_{l3}	先张法构件在浇筑混凝土后采用蒸汽养护。在养护的升温阶段钢筋受热伸长，台座长度不变，故钢筋应力值降低	采用二次升温养护方法，采用整体式钢模板
预应力钢筋应力松弛引起的预应力损失 σ_{l4}	在高拉力作用下，随时间的增长，钢筋中将产生塑性变形，在钢筋长度不变的情况下，钢筋的拉应力会随时间的增长而逐渐下降	可采用超张拉，先将预应力钢筋张拉至 $1.05\sigma_{con}$，持荷2 min，再卸荷至张拉控制应力 σ_{con}
混凝土收缩和徐变引起的预应力损失 σ_{l5}	混凝土在硬化时发生体积收缩，在持续应力作用下，混凝土还会产生徐变。混凝土收缩和徐变都使构件长度缩短，预应力钢筋也随之回缩，造成预应力损失	采用高标号水泥，以减少水泥用量；采用高效减水剂，以减少水灰比；采用级配好的骨料，加强振捣，提高混凝土的密实性；加强养护，以减少混凝土的收缩
用螺旋式预应力钢筋作配筋的环形构件，由于混凝土的局部挤压引起的预应力损失 σ_{l6}	由于预应力钢筋对混凝土的挤压，使构件的直径减小，从而引起的预应力损失	

10-3.6 预应力损失值为什么要分第一批损失和第二批损失？先张法和后张法各项预应力损失是怎样组合的？

【答】因为预应力损失对先张法构件和后张法构件是各不相同的，有的只发生在先张法构件中，有的只发生在后张法构件中，有的两种构件都有，而且不是同时发生，并按不同的张拉方法分阶段发生。所以，《结构规范》规定将预应力损失分成两批，以混凝土预压完成前、后作为分界，通常把混凝土预压前出现的预应力损失称为第一批损失，用 $\sigma_{l\mathrm{I}}$ 表示。混凝土预压完成后出现的预应力损失称为第二批损失，用 $\sigma_{l\mathrm{II}}$ 表示。各阶段预应力损失值见表 10-2。

表 10-2 各阶段预应力损失值

预应力损失值的组合	先张法构件	后张法构件
混凝土预压前（第一批）的损失 $\sigma_{l\mathrm{I}}$	$\sigma_{l1}+\sigma_{l2}+\sigma_{l3}+\sigma_{l4}$	$\sigma_{l1}+\sigma_{l2}$
混凝土预压后（第二批）的损失 $\sigma_{l\mathrm{II}}$	σ_{l5}	$\sigma_{l4}+\sigma_{l5}+\sigma_{l6}$

10-3.7 预应力混凝土轴心受拉构件的截面应力状态阶段及各阶段的应力如何？何谓有效预应力？它与张拉控制应力有何不同？

【答】先张法。施工阶段应力状态：①放松预应力钢筋，压缩混凝土。制作先张法构件，首先张拉预应力钢筋至 σ_{con}，并锚固于台座上，浇筑养护。预应力钢筋产生第一批预应力损失 $\sigma_{l\mathrm{I}}=\sigma_{l1}+\sigma_{l2}+\sigma_{l3}+\sigma_{l4}$，混凝土尚未受力，待混凝土强度达到 $75\% f_{cu,k}$ 及以上时，放松预应力钢筋，混凝土受压，产生预压应力 $\sigma_{pc\mathrm{I}}=(\sigma_{con}-\sigma_{l\mathrm{I}})A_p/A_0$。②完成第二批预应力损失，第二批预应力损失 $\sigma_{l\mathrm{II}}=\sigma_{l5}$，混凝土预压应力下降至 $\sigma_{pc\mathrm{II}}=(\sigma_{con}-\sigma_l)A_p/A_0-\sigma_{l5}A_s/A_0$。使用阶段应力状态：①加荷至混凝土预压应力被抵消。外荷载产生的轴向拉力为 $N_0=\sigma_{pc\mathrm{II}}A_0$，相应的预应力钢筋的有效应力为 σ_{p0}，此时混凝土的应力为零。②继续加载至混凝土即将开裂。随着轴力的加大，构件截面上混凝土将转为受拉，当拉应力达到混凝土抗拉强度标准值 f_{tk} 时，构件截面即将开裂，相应的轴向拉力为 $N_{cr}=(\sigma_{pc\mathrm{II}}+f_{tk})A_0$。③加载至构件破坏。由于轴心受拉构件的裂缝沿正截面贯通，则开裂后裂缝截面混凝土完全退出工作。随着荷载继续加大，当裂缝截面上预应力钢筋及非预应力钢筋的拉应力先后达到各自的抗拉强度设计值时，贯通裂缝骤然加宽，构件破坏，相应的轴向拉力极限值为 $N_u=f_{py}A_p+f_yA_s$。

后张法。施工阶段应力状态：①在构件上张拉预应力钢筋至 σ_{con}，同时压缩混凝土。在张拉过程中，沿构件长度方向各截面均产生了大小不等的摩擦损失 σ_{l2}。将预应力钢筋张拉到 σ_{con} 时，混凝土应力为 σ_{cc}。②完成第一批预应力损失，当张拉完毕将预应力钢筋锚固于构件上时，又发生了预应力损失 σ_{l1}，至此第一批预应力损失 $\sigma_{l\mathrm{I}}=\sigma_{l1}+\sigma_{l2}$ 完成。③完成第二批应力损失，第二批应力损失 $\sigma_{l\mathrm{II}}=\sigma_{l4}+\sigma_{l5}+\sigma_{l6}$。使用阶段应力状态：①加荷至混凝土预压应力被抵消，$\sigma_{pc}=0$，$N_0=\sigma_{pc\mathrm{II}}A_0$。②继续加载至混凝土即将开裂，$N_{cr}=N_0+f_{tk}A_0=(\sigma_{pc\mathrm{II}}+f_{tk})A_0$。③加载至构件破坏，$N_u=f_{py}A_p+f_yA_s$。

有效预应力是张拉控制应力扣除全部预应力损失后预应力钢筋中实际存在的预应力值。

它与张拉控制应力是不同的，张拉控制应力是指预应力钢筋在进行张拉时所控制达到的最大应力值，张拉控制应力是不变的，而有效预应力值会因为预应力损失发生先后的不同情况，随不同的受力状态而变化。

10-3.8　预应力轴心受拉构件，在计算施工阶段预加应力产生的混凝土法向应力 σ_{pc} 时，为什么先张法构件用 A_0，而后张法构件用 A_n？而在使用阶段时，都采用 A_0？先张法、后张法的 A_0、A_n 如何进行计算？

【答】因为先张法构件的预应力钢筋的合力通过钢筋和混凝土之间的黏结传递给混凝土和非预应力钢筋，预应力传递过程中，预应力钢筋、混凝土、非预应力钢筋三者协调变形，全截面受力，所以先张法在施工阶段计算混凝土法向应力 σ_{pc} 时，采用换算截面面积 A_0；后张法构件预应力靠锚具传递给孔道外侧混凝土和非预应力钢筋，由于施工阶段孔道没有灌浆或灌浆材料强度不够，预应力钢筋和混凝土间没有黏结，预应力钢筋的预应力合力相当于外力作用在钢筋混凝土净面积上，因此后张法构件在施工阶段计算混凝土法向应力 σ_{pc} 时，用净截面面积 A_n。其中换算截面面积 $A_0=A_c+\alpha_{Es}A_s+\alpha_{Ep}A_p$，$\alpha_{Es}$ 和 α_{Ep} 分别为非预应力钢筋、预应力钢筋弹性模量和混凝土弹性模量之比；净截面面积 $A_n=A_c+\alpha_{Es}A_s$。

10-3.9　若采用相同的张拉控制应力 σ_{con}，预应力损失值也相同，当加载至混凝土预压应力 $\sigma_{pc}=0$ 时，先张法和后张法两种构件中预应力钢筋的应力 σ_p 是否相同，为什么？

【答】不相同，因为先张法构件当加载至混凝土预压应力 $\sigma_{pc}=0$ 时，构件中预应力钢筋的应力 $\sigma_p=\sigma_{con}-\sigma_l$。而后张法构件当加载至混凝土预压应力 $\sigma_{pc}=0$ 时，$\sigma_p=\sigma_{con}-\sigma_l+\alpha_E\sigma_{pc\text{II}}$。

10-3.10　预应力轴心受拉构件的裂缝宽度计算公式中，为什么钢筋的应力 $\sigma_{sk}=\dfrac{N_k-N_{p0}}{A_p+A_s}$？

【答】按荷载效应标准组合计算的预应力混凝土轴心受拉构件纵向受拉钢筋的标准应力，应该等于构件实际受拉的合拉力除以预应力钢筋和非预应力钢筋的面积之和，构件实际受到的拉力等于作用在构件上的轴向拉力标准值 N_k 减去混凝土消压合力 N_{p0}。

10-3.11　当钢筋强度等级相同时，未施加预应力与施加预应力对轴拉构件承载能力有无影响？为什么？

【答】由 $N_{cr}=(\sigma_{pc\text{II}}+f_{tk})A_0=N_0+f_{tk}A_0$ 可知，预应力混凝土构件比相同条件的普通钢筋混凝土构件的开裂荷载提高了 N_0。但是，预应力混凝土轴心受拉构件的极限承载力公式与截面尺寸及材料均相同的普通钢筋混凝土构件的极限承载力公式相同，而与预应力的存在及大小无关，即施加预应力不能提高轴心受拉构件的承载力，但是可以避免因裂缝过大无法满足使用要求。

10-3.12　试总结先张法与后张法构件计算中的异同点。

【答】先张法与后张法计算公式的比较。

(1)钢筋预应力：先张法和后张法，非预应力钢筋任何时刻的应力公式形式均相同，这是由于两种方法中，非预应力钢筋与混凝土协调变形的起点均是混凝土应力为零时。预应力钢筋应力公式中，后张法比先张法的相应时刻应力大 $\alpha_{Es}\sigma_{pc}$。这是因为后张法构件在张拉预应力钢筋过程中，混凝土的弹性压缩所引起的预应力钢筋应力变化已被融入测力仪表读数内，因而两种方法中，预应力钢筋与混凝土协调变形的起点不同。

(2)混凝土预应力：施工阶段，两种方法的 $\sigma_{pc\,\mathrm{I}}$、$\sigma_{pc\,\mathrm{II}}$ 公式形式相似，差别在于先张法公式中用构件的换算截面面积 A_0，而后张法用构件的净截面面积 A_n，因此先张法预应力混凝土轴心受拉构件的混凝土预压应力小于后张法预应力混凝土轴心受拉构件的混凝土预压应力。

(3)轴向拉力：使用阶段，构件在各特定时刻的轴向压力 N_0、N_{cr} 及 N_u 的公式形式均相同。无论先张法、后张法，均采用构件的换算截面面积 A_0。

10-3.13　预应力混凝土受弯构件挠度计算与钢筋混凝土的挠度计算相比，有何特点？

【答】预应力混凝土受弯构件使用阶段的挠度是由外荷载产生的挠度和预加应力引起的反拱值两部分所组成的。二者可以相互部分抵消，故预应力混凝土受弯构件的挠度小于钢筋混凝土受弯构件的挠度。

10-3.14　为什么预应力混凝土构件中一般还需放置适量的非预应力钢筋？

【答】因为预应力钢筋一般放在需要给构件施加预应力的部位，如钢筋混凝土受弯构件，在荷载作用下的受拉区（施工阶段的预压区）配置预应力钢筋和非预应力钢筋；同时可以防止在制作、运输和吊装等施工阶段，在荷载作用下的受压区（施工阶段的预拉区）出现裂缝，但这部分一般不会产生高应力，所以相应地配置一些非预应力钢筋。

四、计算题

10-4.1　屋架预应力混凝土下弦拉杆，长度 24 m，截面尺寸及端部构造如图 10-1 所示，处于一类环境。采用后张法一端张拉施加预应力，并进行超张拉，孔道直径为 54 mm，充压橡胶管抽心成型。预应力钢筋选用 2 束 3 $\Phi^S 1\times7$（$d=12.7$ mm）低松弛 1860 级钢绞线，非预应力钢筋为 4 Φ 12 的 HRB335 级钢筋（$A_s=452\ \mathrm{mm}^2$），采用 OVM13－3 锚具，张拉控制应力 $\sigma_{con}=0.7f_{ptk}$。混凝土强度等级为 C40，达到 100% 混凝土设计强度等级时施加预应力。承受永久荷载作用下的轴向力标准值 $N_{Gk}=410$ kN，可变荷载作用下的轴向力标准值 $N_{Qk}=165$ kN，结构重要性系数为 1.1，准永久值系数为 0.5，裂缝控制等级为二级。试对拉杆进行施工阶段局部承压验算，正常使用阶段裂缝控制验算和正截面承载力验算。

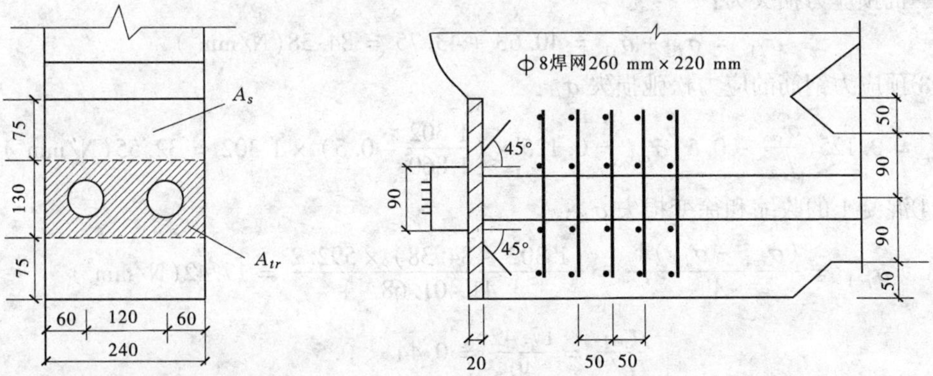

图 10-1

【解】(1)截面的几何性质。

查附表 3 ~ 附表 8 可知:HRB335 级钢筋 $E_s = 2.0\times10^5\ \text{N/mm}^2$,$f_y = 300\ \text{N/mm}^2$;钢绞线 $f_{ptk} = 1\,860\ \text{N/mm}^2$,$E_s = 1.95\times10^5\ \text{N/mm}^2$,$f_{py} = 1\,320\ \text{N/mm}^2$;C40 混凝土 $E_c = 3.25\times10^4\ \text{N/mm}^2$,$f_{tk} = 2.39\ \text{N/mm}^2$,$f_c = 19.1\ \text{N/mm}^2$,$f'_{cu} = 40\ \text{N/mm}^2$。查附表 16 和附表 19,$A_s = 452\ \text{mm}^2$,$A_p = 592.2\ \text{mm}^2$。

预应力钢筋 $$\alpha_{Ep} = \frac{E_s}{E_c} = \frac{1.95\times10^5}{3.25\times10^4} = 6.0$$

非预应力钢筋 $$\alpha_{Es} = \frac{E_s}{E_c} = \frac{2.0\times10^5}{3.25\times10^4} = 6.15$$

混凝土净截面面积为:

$$A_n = A_c + \alpha_{Es}A_s = 240\times180 - 2\times\frac{\pi}{4}\times54^2 + 6.15\times452 = 41\,401.68(\text{mm}^2)$$

混凝土换算截面面积为:

$$A_0 = A_n + \alpha_{Ep}A_p = 41\,401.68 + 6.0\times592.2 = 44\,954.88(\text{mm}^2)$$

(2)张拉控制应力:

$$\sigma_{con} = 0.7f_{ptk} = 0.7\times1\,860 = 1\,302(\text{N/mm}^2)$$

(3)预应力损失。

①锚具变形和钢筋内缩损失 σ_{l1}。

查表 10.2 的 OVM13 - 3 锚具,$a = 5$ mm,$\sigma_{l1} = \dfrac{a}{l}E_s = \dfrac{5}{24\,000}\times1.95\times10^5 = 40.63$ (N/mm^2)。

②摩擦损失 σ_{l2}。

按锚固端计算该项损失,$l = 24$ m,直线配筋 $\theta = 0°$,查表 10.3 得 $\kappa = 0.001\,4$,则:

$$\kappa l = 0.001\,4\times24 = 0.033\,6 < 0.2$$

按近似公式计算,可得:

$$\sigma_{l2} = (\kappa l + \mu\theta)\sigma_{con} = 0.033\,6\times1\,302 = 43.75(\text{N/mm}^2)$$

则第一批预应力损失为:

$$\sigma_{l\,\text{I}} = \sigma_{l1} + \sigma_{l2} = 40.63 + 43.75 = 84.38(\text{N/mm}^2)$$

③预应力钢筋的应力松弛损失 σ_{l4}:

$$\sigma_{l4} = 0.125\left(\frac{\sigma_{con}}{f_{ptk}} - 0.5\right)\sigma_{con} = 0.125\times\left(\frac{1\,302}{1\,860} - 0.5\right)\times1\,302 = 32.55(\text{N/mm}^2)$$

④混凝土的收缩和徐变损失 σ_{l5}:

$$\sigma_{pc\,\text{I}} = \frac{(\sigma_{con} - \sigma_{l\,\text{I}})A_p}{A_n} = \frac{(1\,302 - 84.38)\times592.2}{41\,401.68} = 17.42(\text{N/mm}^2)$$

$$\frac{\sigma_{pc\,\text{I}}}{f'_{cu}} = \frac{17.42}{40} = 0.44 < 0.5$$

$$\rho = \frac{A_p + A_s}{A_n} = \frac{592.2 + 452}{41\,401.68} = 0.025$$

$$\sigma_{l5} = \frac{35 + 280 \times \dfrac{\sigma_{pc\,\mathrm{I}}}{f'_{cu}}}{1 + 15\rho} = \frac{35 + 280 \times 0.44}{1 + 15 \times 0.025} = 115.05(\mathrm{N/mm^2})$$

则第二批预应力损失为：

$$\sigma_{l\,\mathrm{II}} = \sigma_{l4} + \sigma_{l5} = 32.55 + 115.05 = 147.6(\mathrm{N/mm^2})$$

总预应力损失为：

$$\sigma_l = \sigma_{l\,\mathrm{I}} + \sigma_{l\,\mathrm{II}} = 84.38 + 147.6 = 231.98(\mathrm{N/mm^2}) > 80\ \mathrm{N/mm^2}$$

(4)使用阶段抗裂验算。

混凝土有效预压应力为：

$$\sigma_{pc\,\mathrm{II}} = \frac{(\sigma_{con} - \sigma_l)A_p - \sigma_{l5}A_s}{A_n}$$

$$= \frac{(1\,302 - 231.98) \times 592.2 - 115.05 \times 452}{41\,401.68} = 14.05(\mathrm{N/mm^2})$$

荷载标准组合下拉力为：

$$N_k = N_{Gk} + N_{Qk} = 410 + 165 = 575(\mathrm{kN})$$

$$\frac{N_k}{A_0} - \sigma_{pc\,\mathrm{II}} = \frac{575 \times 10^3}{44\,954.88} - 14.05 = -1.26(\mathrm{N/mm^2}) < f_{tk} = 2.39\ \mathrm{N/mm^2}$$

荷载准永久值组合下拉力为：

$$N_q = N_{Gk} + 0.5N_{Qk} = 410 + 0.5 \times 165 = 492.5(\mathrm{kN})$$

$$\frac{N_q}{A_0} - \sigma_{pc\,\mathrm{II}} = \frac{492.5 \times 10^3}{44\,954.88} - 14.05 = -3.09(\mathrm{N/mm^2}) < 0$$

故抗裂满足要求。

(5)正截面承载力验算：

$$N = \gamma_0(1.2N_{Gk} + 1.4N_{Qk}) = 1.1 \times (1.2 \times 410 + 1.4 \times 165) = 795.3(\mathrm{kN})$$

$$N_u = f_{py}A_p + f_yA_s = 1\,320 \times 592.2 + 300 \times 452 = 917.3 \times 10^3(\mathrm{N})$$

$$= 917.3(\mathrm{kN}) > N = 795.3\ \mathrm{kN}$$

故正截面承载力满足要求。

(6)锚具下混凝土局部受压验算。

①端部受压区截面尺寸验算。

OVM13－3 锚具直径为 90 mm，垫板厚 20 mm，局部受压面积从锚具边缘起在垫板中按 45°扩散的面积计算，在计算局部受压面积时，可近似按图 10-1 两条虚线所围的矩形面积代替两圆面积计算。

局部受压面积为：

$$A_l = 240 \times (90 + 2 \times 20) = 31\,200(\mathrm{mm^2})$$

局部受压计算底面积为：

$$A_b = 240 \times (130 + 2 \times 75) = 67\,200(\mathrm{mm^2})$$

$$\beta_l = \sqrt{\frac{A_b}{A_l}} = \sqrt{\frac{67\,200}{31\,200}} = 1.47$$

混凝土局部受压净面积：

$$A_{ln} = 31\ 200 - 2 \times \pi/4 \times 54^2 = 26\ 621.88(\text{mm}^2)$$

构件端部作用的局部压力设计值为：

$$F_l = 1.2\sigma_{con}A_p = 1.2 \times 1\ 302 \times 592.2 = 925.25 \times 10^3(\text{N}) = 925.25\ \text{kN}$$

$$1.35\beta_c\beta_l f_c A_{ln} = 1.35 \times 1.0 \times 1.47 \times 19.1 \times 26\ 621.88$$

$$= 1\ 009.07 \times 10^3(\text{N}) = 1\ 009.07\ \text{kN} > F_l$$

故截面尺寸满足要求。

②局部受压承载力计算。

间接钢筋采用 5 片Φ 8 焊接网 260 mm×220 mm，如图 10-1 所示。

$$A_{cor} = 260 \times 220 = 57\ 200(\text{mm}^2) > A_l = 31\ 200\ \text{mm}^2$$

$$A_{cor} < A_b = 67\ 200\ \text{mm}^2$$

$$\beta_{cor} = \sqrt{\frac{A_{cor}}{A_l}} = \sqrt{\frac{57\ 200}{31\ 200}} = 1.35$$

间接钢筋的体积配筋率为：

$$\rho_v = \frac{n_1A_{sv1}l_1 + n_2A_{sv2}l_2}{A_{cor}s} = \frac{4 \times 50.3 \times 220 + 4 \times 50.3 \times 260}{57\ 200 \times 50} = 3.4\% > 0.5\%$$

$$0.9(\beta_c\beta_l f_c + 2\alpha\rho_v\beta_{cor} f_y)A_{ln}$$

$$= 0.9 \times (1 \times 1.47 \times 19.1 + 2 \times 1.0 \times 0.034 \times 1.35 \times 210) \times 26\ 621.88$$

$$= 1\ 134.61 \times 10^3(\text{N}) = 1\ 134.61\ \text{kN} > F_l = 925.25\ \text{kN}$$

故局部承压力满足要求。

10-4.2　预应力混凝土空心板梁，长度 16 m，计算跨度 $l_0 = 15.5$ m，截面尺寸如图 10-2 所示，处于一类环境。采用先张法施加预应力，台座长度 80 m，并进行超张拉。预应力钢筋选用 11 根$\Phi^S 1 \times 7(d = 15.2\ \text{mm})$低松弛 1860 级钢绞线，非预应力钢筋为5 Φ 12 的 HRB335 级钢筋，($A_s = 565\ \text{mm}^2$)，采用夹片锚具，张拉控制应力 $\sigma_{con} = 0.75f_{ptk}$。混凝土强度等级为 C70，达到 80%混凝土设计强度等级时放张预应力钢筋。跨中截面承受永久荷载作用下的弯矩标准值 $M_{Gk} = 422$ kN · m，可变荷载作用下的弯矩标准值 $M_{Qk} = 305$ kN · m；支座截面承受永久荷载作用下的剪力标准值 $V_{Gk} = 110$ kN，可变荷载作用下的剪力标准值 $V_{Qk} = 210$ kN。结构重要系数 $\gamma_0 = 1.0$，准永久值系数为 0.6，裂缝控制等级为二级，跨中挠度允许值为 $l_0/200$。要求：①施工阶段截面正应力验算；②正常使用阶段裂缝控制验算；③正常使用阶段跨中挠度验算；④正截面承载力计算；⑤斜截面承载力计算。

【解】(1)截面的几何特性。

查附表 3 ~ 附表 8 可知：HPB335 级钢筋 $E_s = 2.0 \times 10^5$ N/mm²，$f_y = f_y' = 300$ N/mm²，$\Phi^S 1 \times 7(d = 15.2\ \text{mm})$1860 级钢绞线 $E_s = 1.95 \times 10^5$ N/mm²，$f_{ptk} = 1\ 860$ N/mm²，$f_{py} = 1\ 320$ N/mm²，$f_{py}' = 390$ N/mm²，C70 级混凝土 $E_c = 3.7 \times 10^4$ N/mm²，$f_t = 2.14$ N/mm²，$f_{tk} = 2.99$ N/mm²，$f_c = 31.8$ N/mm²，$\alpha_1 = 0.96$，放张预应力钢筋时，$f_{cu}' = 0.8 \times 70 = 56$(N/mm²)，对应 $f_{tk}' = 2.65$ N/mm²，$f_{ck} = 33.86$ N/mm²，$A_p = 1\ 529$ mm²，$A_s' = 565$ mm²。

$$\alpha_{Es} = \frac{E_s}{E_c} = \frac{2 \times 10^5}{3.7 \times 10^4} = 5.41$$

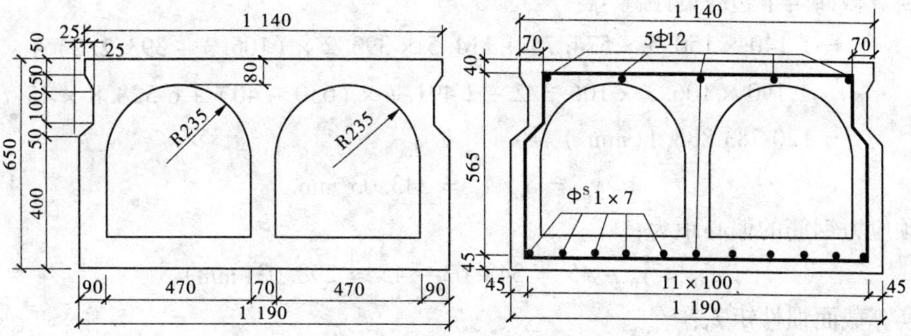

图 10-2

$$\alpha_{Ep}=\frac{E_s}{E_c}=\frac{1.95\times10^5}{3.7\times10^4}=5.27$$

$$(\alpha_{Es}-1)A'_s=(5.41-1)\times565=2\ 491.65(\text{mm}^2)$$

$$(\alpha_{Ep}-1)A_p=(5.27-1)\times1\ 529=6\ 528.8(\text{mm}^2)$$

将圆孔板截面按截面面积、形心和惯性矩相等的条件换算为工字形截面(见图 10-3),即将圆孔板换算为 $b_k\times h_k$ 的矩形孔,则:

$$(\pi\times235^2\times0.5+470\times255)\times2=b_kh_k$$

$$\frac{\pi\times235^2\times1/2\times\left(255+\dfrac{4\times235}{3\pi}\right)+255\times470\times255\times1/2}{\pi\times235^2\times1/2+255\times470}=222.9(\text{mm})$$

$$2\left[\frac{\pi}{8}\times235^4+\frac{\pi}{2}\times235^2\times(255-22.9)^2+\frac{470\times235^3}{12}+470\times225\times(222.9-145)^2\right]$$

$$=\frac{b_kh_k^3}{12}$$

解得:$h_k=393.2$ mm　　$b_k=1\ 050.5$ mm

则取 $b'_f=1\ 140$ mm;$h'_f=150.5$ mm,$b_f=1\ 190$ mm,$h_f=106.3$ mm

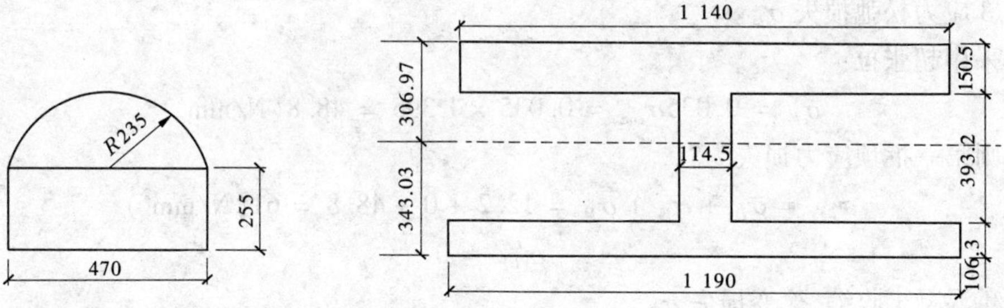

图 10-3

$$b=(1\ 140+1\ 190)/2-b_k=114.5(\text{mm})$$

$$A_0=1\ 140\times150.5+114.5\times393.2+1\ 190\times106.3+2\ 491.7+6\ 528.8$$
$$=352\ 108.9(\text{mm}^2)$$

换算截面至下边缘的距离 y_0：

$$S_0 = 1\,140 \times 150.5 \times 574.75 + 114.5 \times 393.2 \times (106.3 + 393.2/2) + 1\,190 \times 106.3 \times 106.3/2 + 2\,491.7 \times (650 - 40) + 6\,528.8 \times 45 = 120\,783\,888.1(\text{mm}^3)$$

$$y_0 = S_0/A_0 = 343.03\ \text{mm}$$

预应力钢筋的偏心距为：

$$e_{p0} = y_0 - 45 = 343.03 - 45 = 298.03(\text{mm})$$

换算截面惯性矩 I_0：

$$I_0 = \frac{1\,140 \times 150.5^3}{12} + 1\,140 \times 150.5 \times (306.97 - \frac{150.5}{2})^2 + \frac{114.5 \times 393.2^3}{12} + 114.5 \times 393.2 \times (393.2 + 106.3 - \frac{393.2}{2})^2 + \frac{1\,190 \times 106.3^3}{12} + 1\,190 \times 106.3 \times (343.03 - \frac{106.3}{2})^2 + 2\,491.7 \times (306.97 - 40)^2 + 6\,528.8 \times (343.03 - 45)^2 = 2.57 \times 10^{10}(\text{mm}^4)$$

(2)计算预应力损失。

张拉控制应力为：

$$\sigma_{con} = 0.75 f_{ptk} = 0.75 \times 1\,860 = 1\,395(\text{N/mm}^2)$$

①锚具变形和钢筋内缩引起的预应力损失 σ_{l1}。

由表 10.2,取 $a=5$ mm,台座长 80 m,则：

$$\sigma_{l1} = \frac{a}{l}E_s = \frac{5}{80 \times 10^3} \times 1.95 \times 10^5 = 12.2(\text{N/mm}^2)$$

②温差损失 σ_{l3}：

$$\Delta t = 0, \sigma_{l3} = 0$$

③应力松弛损失 σ_{l4}。

采用超张拉：

$$\sigma_{l4} = 0.035\sigma_{con} = 0.035 \times 1\,395 = 48.8(\text{N/mm}^2)$$

则第一批预应力损失为：

$$\sigma_{l\text{I}} = \sigma_{l1} + \sigma_{l3} + \sigma_{l4} = 12.2 + 0 + 48.8 = 61(\text{N/mm}^2)$$

$$\sigma'_{l\text{I}} = 0$$

④混凝土收缩、徐变损失 σ_{l5}。

$$N_{p0\text{I}} = (\sigma_{con} - \sigma_{l\text{I}})A_p + (\sigma'_{con} - \sigma'_{l\text{I}})A'_p = (1\,395 - 61) \times 1\,529 = 2\,039.68 \times 10^3(\text{N}) = 2\,039.68\ \text{kN}$$

预应力钢筋到换算截面形心距离：

$$y_p = y_0 - a_p = 343.03 - 45 = 298.03(\text{mm})$$

$$y'_p = 650 - y_0 - a'_p = 650 - 343.03 - 40 = 266.97(\text{mm})$$

$$e_{p0\,\mathrm{I}} = \frac{(\sigma_{con} - \sigma_{l\,\mathrm{I}})A_p y_p - (\sigma'_{con} - \sigma'_{l\,\mathrm{I}})A'_p y'_p}{N_{p0\,\mathrm{I}}}$$

$$= \frac{(1\,395 - 61) \times 1\,529 \times 298.03 - 0}{2\,039.68 \times 10^3} = 298.03(\mathrm{mm})$$

$$\rho = \frac{A_p + A_s}{A_0} = \frac{1\,529 + 0}{352\,108.9} = 0.004\,3$$

$$\sigma_{pc\,\mathrm{I}} = \frac{N_{p0\,\mathrm{I}}}{A_0} + \frac{N_{p0\,\mathrm{I}}\, e_{p0\,\mathrm{I}}\, y_p}{I_0} = \frac{2\,039.68 \times 10^3}{352\,108.9} + \frac{2\,039.68 \times 10^3 \times 298.03 \times 298.03}{2.57 \times 10^{10}}$$

$$= 12.84(\mathrm{N/mm^2}) < 0.5f'_{cu} = 28\ \mathrm{N/mm^2}$$

$$\sigma'_{pc\,\mathrm{I}} = \frac{N_{p0\,\mathrm{I}}}{A_0} - \frac{N_{p0\,\mathrm{I}}\, e_{p0\,\mathrm{I}}\, y'_p}{I_0} = \frac{2\,039.68 \times 10^3}{352\,108.9} - \frac{2\,039.68 \times 10^3 \times 298.03 \times 266.97}{2.57 \times 10^{10}}$$

$$= -0.52(\mathrm{N/mm})^2 < 0.5f'_{cu} = 28\ \mathrm{N/mm^2}$$

$$\rho' = \frac{A'_p + A'_s}{A_0} = \frac{0 + 565}{352\,108.9} = 0.001\,6$$

$$\sigma_{l5} = \frac{45 + 280\dfrac{\sigma_{pc\,\mathrm{I}}}{f_{cu}}}{1 + 15\rho} = \frac{45 + 280 \times \dfrac{12.84}{0.8 \times 70}}{1 + 15 \times 0.004\,3} = 102.58(\mathrm{N/mm^2})$$

$$\sigma'_{l5} = 0$$

第二批预应力损失：

$$\sigma_{l\,\mathrm{II}} = \sigma_{l5} = 102.58\ \mathrm{N/mm^2}$$

$$\sigma'_{l\,\mathrm{II}} = \sigma'_{l5} = 0$$

总的预应力损失：

$$\sigma_l = \sigma_{l\,\mathrm{I}} + \sigma_{l\,\mathrm{II}} = 61 + 102.58 = 163.58(\mathrm{N/mm^2})$$

$$\sigma'_l = \sigma'_{l\,\mathrm{I}} + \sigma'_{l\,\mathrm{II}} = 0$$

(3)内力计算。

弯矩标准值和剪力标准值计算：

$$M_k = M_{Gk} + M_{Qk} = 422 + 305 = 727(\mathrm{kN \cdot m})$$

$$V_k = V_{Gk} + V_{Qk} = 110 + 210 = 320(\mathrm{kN})$$

弯矩设计值和剪力设计值计算：

$$M = 1.2M_{Gk} + 1.4M_{Qk} = 1.2 \times 422 + 1.4 \times 305 = 933.4(\mathrm{kN \cdot m})$$

$$V = 1.2V_{Gk} + 1.4V_{Qk} = 1.2 \times 110 + 1.4 \times 210 = 426(\mathrm{kN})$$

(4)施工阶段验算。

放张后混凝土下、上边缘应力：

$$\sigma_{pc\,\mathrm{I}} = \frac{N_{p0\,\mathrm{I}}}{A_0} + \frac{N_{p0\,\mathrm{I}}\, e_{p0\,\mathrm{I}}\, y_0}{I_0} = \frac{2\,039.68 \times 10^3}{352\,108.9} + \frac{2\,039.68 \times 10^3 \times 298.03 \times 343.03}{2.57 \times 10^{10}}$$

$$= 13.90(\mathrm{N/mm^2})$$

$$\sigma'_{pc\,\mathrm{I}} = \frac{N_{p0\,\mathrm{I}}}{A_0} - \frac{N_{p0\,\mathrm{I}}\, e_{p0\,\mathrm{I}}\, y'_0}{I_0} = \frac{2\,039.68 \times 10^3}{352\,108.9} - \frac{2\,039.68 \times 10^3 \times 298.03 \times 306.97}{2.57 \times 10^{10}}$$

$$= -1.47(\text{N/mm}^2)$$

设吊点距梁端1.5 m,梁自重 $g=8.58$ kN/m。动力系数取1.5,自重产生弯矩为:

$$M_k = 1.5 \times \frac{1}{2}gl^2 = 1.5 \times \frac{1}{2} \times 8.58 \times 1.5^2 = 14.48(\text{kN} \cdot \text{m})$$

截面上边缘混凝土法向应力:

$$\sigma_{ct} = \sigma'_{pc\,\mathrm{I}} - \frac{M_k}{I_0}y'_0 = -1.47 - \frac{14.48 \times 10^6}{2.57 \times 10^{10}} \times 306.97$$

$$= -1.64(\text{N/mm}^2)(\text{受拉}) < f'_{tk} = 2.65\ \text{N/mm}^2$$

截面下边缘混凝土法向应力:

$$\sigma_{cc} = \sigma_{pc\,\mathrm{I}} + \frac{M_k}{I_0}y_0 = 13.90 + \frac{14.48 \times 10^6}{2.57 \times 10^{10}} \times 343.03$$

$$= 14.09(\text{N/mm}^2) < 0.8f'_{ck} = 27.09\ \text{N/mm}^2$$

满足要求。

(5)使用阶段裂缝宽度计算。

$$N_{p0\,\mathrm{II}} = \sigma_{p0\,\mathrm{II}}A_p + \sigma'_{p0\,\mathrm{II}}A'_p - \sigma_{l5}A_s - \sigma'_{l5}A'_s = (\sigma_{con} - \sigma_l)A_p - \sigma'_{l5}A'_s$$

$$= (1\,395 - 163.58) \times 1\,529 - 0 \times 565 = 1\,882.84(\text{kN})$$

$$e_{p0\,\mathrm{II}} = \frac{\sigma_{p0\,\mathrm{II}}A_py_p - \sigma'_{p0\,\mathrm{II}}A'_py'_p - \sigma_{l5}A_sy_s + \sigma'_{l5}A'_sy'_s}{N_{p0\,\mathrm{II}}} = \frac{(\sigma_{con} - \sigma_l)A_py_p + \sigma'_{l5}A'_sy'_s}{N_{p0\,\mathrm{II}}}$$

$$= \frac{(1\,395 - 163.58) \times 1\,529 \times 298.03 + 0 \times 565 \times 266.97}{1\,882.84 \times 10^3} = 298.03(\text{mm})$$

$N_{p0\,\mathrm{II}}$ 到预应力钢筋 A_p 和非预应力钢筋 A_s 合力点的距离:

$$e_p = \frac{\sigma_{p0\,\mathrm{II}}A_py_p - \sigma_{l5}A_sy_s}{\sigma_{p0\,\mathrm{II}}A_p - \sigma_{l5}A_s} - e_{p0\,\mathrm{II}} = \frac{(1\,395 - 163.58) \times 1\,529 \times 298.03 - 0}{(1\,395 - 163.58) \times 1\,529 - 0} - 298.03$$

$$= 0$$

$$e = e_p + \frac{M_k}{N_{p0\,\mathrm{II}}} = 0 + \frac{727 \times 10^6}{1\,882.84 \times 10^3} = 386.12(\text{mm})$$

$h'_f > 0.2h_0$,取 $h'_f = 0.2h_0 = 121$ mm,则:

$$\gamma'_f = \frac{(b'_f - b)h'_f}{bh_0} = \frac{(1\,140 - 114.5) \times 121}{114.5 \times (650 - 45)} = 1.79$$

$$z = \left[0.87 - 0.12 \times (1 - \gamma'_f)\left(\frac{h_0}{e}\right)^2\right]h_0$$

$$= \left[0.87 - 0.12 \times (1 - 1.79) \times \left(\frac{605}{386.12}\right)^2\right] \times 605 = 667.16(\text{mm})$$

$$\sigma_{sk} = \frac{M_k - N_{p0\,\mathrm{II}}(z - e_p)}{(A_p + A_s)z} = \frac{727 \times 10^6 - 1\,882.84 \times 10^3 \times (667.16 - 0)}{(1\,529 + 0) \times 667.16} < 0$$

受压状态,满足裂缝要求。

(6)使用阶段挠度验算。

截面下边缘混凝土预压应力:

$$\sigma_{pc\,\mathrm{II}} = \frac{N_{p0\,\mathrm{II}}}{A_0} + \frac{N_{p0\,\mathrm{II}}e_{p0\,\mathrm{II}}y_0}{I_0} = \frac{1\,882.84 \times 10^3}{352\,108.9} + \frac{1\,882.84 \times 10^3 \times 298.03 \times 343.03}{2.57 \times 10^{10}}$$

$$= 12.84(\mathrm{N/mm^2})$$

由 $b_f/b = 1\,190/114.5 = 10.4 > 2, h_f/h = 106.3/650 = 0.164 < 0.2$，非对称工字形截面 $b'_f < b_f, \gamma_m$ 为 1.35 ~ 1.4，近似取 $\gamma_m = 1.375$。

$$\gamma = (0.7 + \frac{120}{h})\gamma_m = (0.7 + \frac{120}{650}) \times 1.375 = 1.22$$

$$B_s = 0.85E_cI_0 = 0.85 \times 3.7 \times 10^4 \times 2.57 \times 10^{10} = 8.08 \times 10^{14}(\mathrm{N \cdot mm^2})$$

对预应力构件 $\theta = 2.0$：

$$M_q = M_{Gk} + 0.6M_{Qk} = 422 + 0.6 \times 305 = 605(\mathrm{kN \cdot m})$$

$$B = \frac{M_k}{M_q(\theta - 1) + M_k}B_s = \frac{727}{605 \times (2 - 1) + 727} \times 8.08 \times 10^{14} = 4.41 \times 10^{14}(\mathrm{N \cdot mm^2})$$

荷载作用下的挠度：

$$a_{f1} = \frac{5M_kl_0^2}{48B} = \frac{5 \times 727 \times 10^6 \times 15.5^2 \times 10^6}{48 \times 4.41 \times 10^{14}} = 41.26(\mathrm{mm})$$

预应力产生的反拱：

$$a_{f2} = \frac{N_{p0\,\mathrm{II}}e_{p0\,\mathrm{II}}l_0^2}{8E_cI_0} = \frac{1\,882.84 \times 10^3 \times 298.03 \times 15.5^2 \times 10^6}{8 \times 3.7 \times 10^4 \times 2.57 \times 10^{10}} = 17.72(\mathrm{mm})$$

总挠度为：

$$a_f = a_{f1} - a_{f2} = 41.26 - 17.72 = 23.54(\mathrm{mm}) < a_{\lim} = \frac{l_0}{200} = 77.5(\mathrm{mm})$$

满足要求。

(7)正截面承载力计算：

$$h_0 = h - a_p = 650 - 45 = 605(\mathrm{mm})$$

$$\sigma'_{p0\,\mathrm{II}} = 0, A'_p = 0, A_s = 0$$

$$x = \frac{f_{py}A_p + f_yA_s - f_y'A'_s + (\sigma'_{p0\,\mathrm{II}} - f'_{py})A'_p}{\alpha_1 f_c b'_f}$$

$$= \frac{1\,320 \times 1\,529 + 0 - 300 \times 565 + 0}{0.96 \times 31.8 \times 1\,140} = 53.12(\mathrm{mm})$$

由于

$$x < h'_f \text{ 且 } x < 2a'_s$$

故属于第一类 T 形截面。

$$M_u = f_{py}A_p(h - a_p - a'_s) + f_yA_s(h - a_s - a'_s) - (\sigma'_{p0} - f'_{py})A'_p(a'_p - a'_s)$$

$$= 1\,320 \times 1\,529 \times (650 - 45 - 40) + 0 - 0 = 1\,140.33 \times 10^6(\mathrm{N \cdot m})$$

$$= 1\,140.33(\mathrm{kN \cdot m}) > M = 933.4\ \mathrm{kN \cdot m}$$

满足要求。

(8)斜截面抗剪承载力计算。

由 $4 < h_w/b = 605/114.5 = 5.28 < 6, \beta_c = 0.87$，则：

$$0.218\beta_c f_c bh_0 = 0.218 \times 0.87 \times 31.8 \times 114.5 \times 605 = 417.8(\mathrm{kN}) < V = 426\ \mathrm{kN}$$

截面尺寸不满足要求，可以适当加大截面，如梁截面加大到 $h=700$ mm。

由 $4<h_w/b=655/114.5=5.72<6$，$\beta_c=0.87$，则：

$$0.207\beta_c f_c bh_0=0.207\times0.87\times31.8\times114.5\times655$$

$$=429.5\times10^3(\text{N})=429.5\ \text{kN}>V=426\ \text{kN}$$

截面满足要求（上面的验算应该重新进行，此处略）。

$$0.7f_t bh_0=0.7\times2.14\times114.5\times605=103.8\times10^3(\text{N})=103.8(\text{kN})<V=426\ \text{kN}$$

需要计算配置箍筋，采用双肢箍筋Φ 12@110，$A_{sv}=226$ mm^2。

$$0.7f_t bh_0+1.25f_{yv}\frac{A_{sv}}{s}h_0=0.7\times2.14\times114.5\times655+1.25\times210\times\frac{226}{110}\times665$$

$$=481\times10^3(\text{N})=481\ \text{kN}>V=426\ \text{kN}$$

满足要求。

10-4.3　已知某工程屋面梁跨度为 21 m，计算跨度 $l_0=20.5$ m，净跨 $l_n=20.4$ m，梁的截面尺寸见图 10-4。承受屋面板传递的均布恒载 $g=49.5$ kN/m，活荷载 $q=5.9$ kN/m。结构重要性系数 $\gamma_0=1.1$，裂缝控制等级为二级，跨中挠度允许值为 $l_0/400$。混凝土强度等级为 C40，预应力筋采用 1860 级高强低松弛钢绞线。预应力孔道采用镀锌波纹管成型，夹片式锚具。当混凝土达到设计强度等级后张拉预应力筋，施工阶段预拉区允许出现裂缝。纵向非预应力钢筋采用 HRB335 级热轧钢筋，箍筋采用 HPB235 级热轧钢筋。试进行该屋面梁的配筋设计。

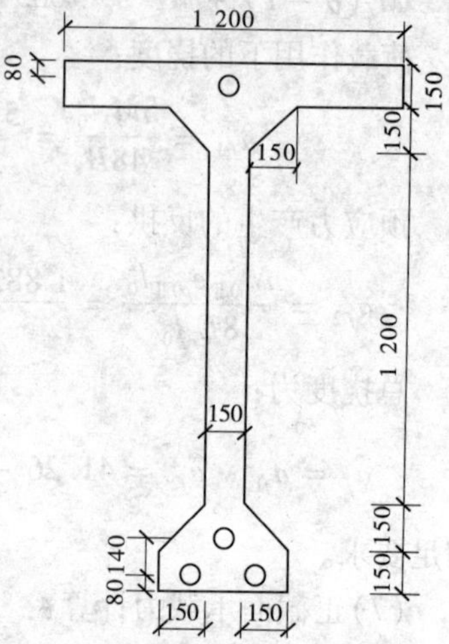

图 10-4

【解】(1)截面的几何特性。

查附表 3 ~ 附表 8：HPB235 级钢筋 $E_s=2.1\times10^5$ N/mm^2，$f_{yv}=210$ N/mm^2；HRB335 级钢筋 $E_s=2.0\times10^5$ N/mm^2，$f_y=f_y'=300$ N/mm^2；1860 级高强低松弛钢绞线 $E_s=1.95\times10^5$ N/mm^2，$f_{ptk}=1\,860$ N/mm^2，$f_{py}=1\,320$ N/mm^2，$f_{py}'=390$ N/mm^2；C40 级混凝土 $E_c=3.25\times10^4$ N/mm^2，$f_t=1.71$ N/mm^2，$f_{tk}=2.39$ N/mm^2，$f_c=19.1$ N/mm^2，$\alpha_1=1.0$。

截面面积为：

$$A=1\,500\times150+150\times1\,200+150\times150+150\times450+150\times150=5.175\times10^5(\text{mm}^2)$$

中性轴到底边的距离为：

$$y=(1\,500\times150\times900+1\,200\times150\times1\,725+150\times150\times1\,600+450\times150\times75+150\times150\times200)/(5.175\times10^5)$$

$$=1\,079.34(\text{mm})\approx1\,080\ \text{mm}$$

中性轴到上边缘的距离：

$$y'=1\,800-1\,080=720(\text{mm})$$

截面惯性矩为：

$$I=\frac{1\,200\times150^3}{12}+1\,200\times150\times(720-75)^2+$$

$$2\times\left[\frac{150\times150^3}{36}+\frac{1}{2}\times150\times150\times(720-150-50)^2\right]+$$

$$2\times\left[\frac{150\times150^3}{36}+\frac{1}{2}\times150\times150\times(1\,080-150-50)^2)\right]+$$

$$\frac{150\times1\,500^3}{12}+150\times1\,500\times(900-720)^2+\frac{450\times150^3}{12}+$$

$$450\times150\times(1\,080-150/2)^2$$

$$=2.17\times10^{11}(\mathrm{mm}^4)$$

底边缘弹性抵抗矩：

$$W=\frac{I}{y}=\frac{2.17\times10^{11}}{1\,080}=2.01\times10^8(\mathrm{mm}^3)$$

上边缘弹性抵抗矩：

$$W'=\frac{I}{y'}=\frac{2.17\times10^{11}}{720}=3.01\times10^8(\mathrm{mm}^3)$$

(2)内力计算。

弯矩标准值和剪力标准值计算：

梁自重＝0.517 5×25＝12.94(kN/m)

$$M_k=\frac{1}{8}g_kl_0^2+\frac{1}{8}q_kl_0^2=\frac{1}{8}(49.5+12.94)\times20.5^2+$$

$$\frac{1}{8}\times5.9\times20.5^2=3\,589.99(\mathrm{kN\cdot m})$$

$$M_q=\frac{1}{8}g_kl_0^2+\psi_q\frac{1}{8}q_kl_0^2=\frac{1}{8}\times(49.5+12.94)\times20.5^2+$$

$$0.6\times\frac{1}{8}\times5.9\times20.5^2=3\,466.01(\mathrm{kN\cdot m})$$

$$V_k=\frac{1}{2}g_kl_n+\frac{1}{2}q_kl_n=\frac{1}{2}\times(49.5+12.94)\times20.4+$$

$$\frac{1}{2}\times5.9\times20.4=697.07(\mathrm{kN})$$

弯矩设计值和剪力设计值计算：

$$M=1.2\times\frac{1}{8}g_kl_0^2+1.4\times\frac{1}{8}q_kl_0^2=1.2\times\frac{1}{8}\times(49.5+5.9)\times20.5^2+$$

$$1.4\times\frac{1}{8}\times5.9\times20.5^2=4\,369.97(\mathrm{kN\cdot m})$$

$$V=1.2\times\frac{1}{2}g_kl_n+1.4\times\frac{1}{2}q_kl_n$$

$$=1.2\times\frac{1}{2}\times(49.5+5.9)\times20.4+1.4\times\frac{1}{2}\times5.9\times20.4=848.52(\mathrm{kN})$$

(3)预应力筋数量估计。

使截面上边缘在施加预应力时不出现拉应力(未考虑自重),必须有:

$$\frac{N_{pe}}{A}-\frac{N_{pe}e_p}{W'}\geqslant 0(N_{pe}\text{ 为有效预压力,以受压为正、以受拉为负})$$

即应满足 $e_p \leqslant 581.64$ mm,即 $e_{p\max}=581.64$ mm。

设 $A'_p=A_p/3$,且假设各预应力钢筋内有效预应力相等,则跨中截面有效预应力合力中心位置距下边缘的距离为:

$$y_0=\frac{A_p\times(80+140/3)+A'_p\times 1\,720}{A_p+A'_p}=\frac{A_p\times(80+140/3)+\frac{1}{3}A_p\times 1\,720}{A_p+\frac{A_p}{3}}=525(\text{mm})$$

有效预应力合力点的偏心距(以向下为正)为 $e_p=y-y_0=1\,080-525=555(\text{mm})<e_{p\max}=581.64$ mm,若考虑自重,则 $e_{p\max}$ 将大于 581.64 mm,故认为 e_p 满足要求。

根据二级裂缝控制要求,取名义允许拉应力 $[\sigma_t]=\gamma f_{tk}$,$\gamma=1.40$,$f_{tk}=2.39$ N/mm²,得有效预应力的估计值为:

$$N_{pe}=\frac{\frac{M_{\max}}{W}-[\sigma_t]}{\frac{1}{A}+\frac{e_p}{W}}=\frac{\frac{3\,589.99\times10^6}{2.01\times10^8}-1.40\times2.39}{\frac{1}{517\,500}+\frac{555}{2.01\times10^8}}$$

$$=3\,092.46\times10^3(\text{N})=3\,092.46\text{ kN}$$

设张拉控制应力 $\sigma_{con}=0.75\times1\,860=1\,395(\text{N/mm}^2)$,有效预应力 $\sigma_{pe}=0.85\sigma_{con}=0.85\times1\,395=1\,186(\text{N/mm}^2)$,则:

$$A_p+A'_p=\frac{4}{3}A_p=\frac{N_{pe}}{\sigma_{pe}}=\frac{3\,092.46\times10^3}{1\,186}=2\,607.47(\text{mm}^2)$$

可得:

$$A_p=3/4\times2\,607.47=1\,955.6(\text{mm}^2)$$
$$n=A_p/139=1\,955.6/139=14.07(\text{根})$$

取 2 束 6 Φ^S15(直)+1 束 6 Φ^S15(曲),$A_p=2\,502$ mm²。$A'_p=\frac{1}{3}\times1\,955.6=651.87$(mm²),根数 $n=\frac{A'_p}{139}=\frac{651.87}{139}=4.69$(根),取 1 束 5 Φ^S15,$A'_p=695$ mm²。

(4)预应力筋的布置。

采用 QM 锚具,6 Φ^S15 钢绞线束的预留孔道直径为 55 mm,5 Φ^S15 钢绞线束的预留孔道直径为 45 mm。预应力筋布置方案,梁底部采用 2 束直线预应力筋和 1 束抛物线预应力筋,梁顶部采用 1 束直线预应力筋。抛物线预应力筋的矢高取 340 mm,故距下边缘 340+140+80=560(mm),见图 10-5。

(5)正截面承载力计算。

根据正截面的承载力计算确定非预应力筋的数量。

材料参数:$f_c=19.1$ N/mm²,$f_t=1.71$ N/mm²,$f_{py}=1\,320$ N/mm²,$f'_{py}=390$ N/mm²,$E_p=1.95\times10^5$ N/mm²。

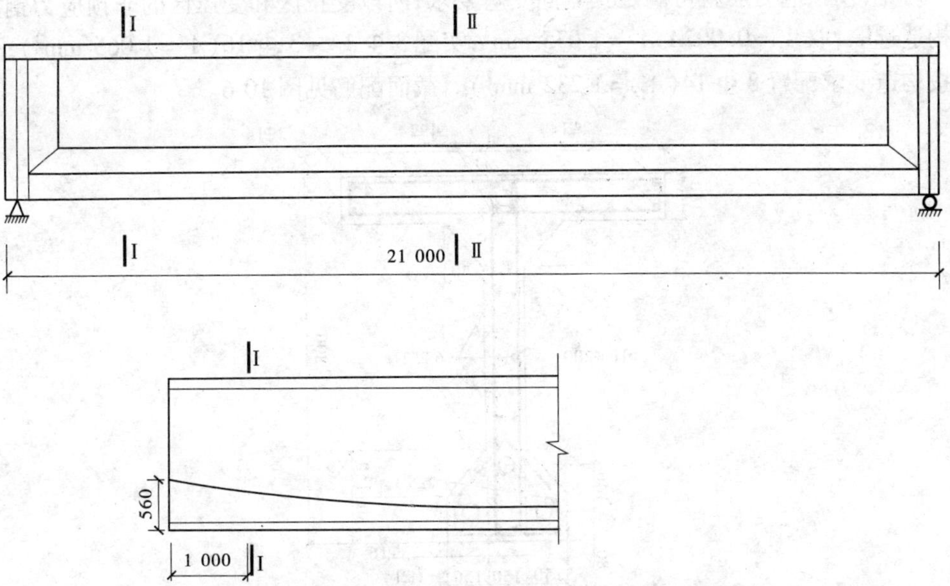

图 10-5　T 形截面简支梁和预应力钢筋布置方案

取 $a_p = \dfrac{834 \times 220 + 1\ 668 \times 80}{2\ 502} = 127(\mathrm{mm})$，$a'_p = 80\ \mathrm{mm}$，$h_0 = 1\ 800 - 127 = 1\ 673(\mathrm{mm})$。

等效矩形图形系数：$\alpha_1 = 1.0$，$\beta = 0.8$。

近似取：

$$\sigma_{p0} = \sigma'_{p0} = \sigma_{con} - 0.15\sigma_{con} = 0.85\sigma_{con} = 0.85 \times 0.75 \times 1\ 860 = 1\ 185.75(\mathrm{N/mm^2})$$

则

$$\xi_b = \frac{\beta}{1 + \dfrac{0.002}{\varepsilon_{cu}} + \dfrac{f_{py} - \sigma_{p0}}{\varepsilon_{cu} E_p}} = \frac{0.8}{1 + \dfrac{0.002}{0.003\ 3} + \dfrac{1\ 320 - 1\ 185.75}{0.003\ 3 \times 1.95 \times 10^5}} = 0.44$$

$$\alpha_1 f_c b'_f h'_f (h_0 - 0.5h'_f) - (\sigma'_{p0} - f'_{py}) A'_p (h_0 - a'_p)$$

$$= 1 \times 19.1 \times 1\ 200 \times 150 \times \left(1\ 673 - \frac{150}{2}\right) - (1\ 185.75 - 390) \times 695 \times (1\ 673 - 80)$$

$$= 4\ 612.92 \times 10^6 (\mathrm{N \cdot mm}) = 4\ 612.92\ \mathrm{kN \cdot m} > M = 4\ 369.97\ \mathrm{kN \cdot m}$$

按第一类 T 形截面进行计算

$$\alpha_s = \frac{M + (\sigma'_{p0} - f'_{py}) A'_p (h_0 - a'_p)}{\alpha_1 f_c b'_f h_0^2}$$

$$= \frac{4\ 369.97 \times 10^6 + (1\ 185.75 - 390) \times 695 \times (1\ 673 - 80)}{1 \times 19.1 \times 1\ 200 \times 1\ 673^2} = 0.082$$

$$\xi = 1 - \sqrt{1 - 2\alpha_s} = 1 - \sqrt{1 - 2 \times 0.082} = 0.086 < \xi_b = 0.44$$

$$x = \xi h_0 = 0.086 \times 1\ 673 = 143.88(\mathrm{mm})$$

先不考虑非预应力受压钢筋作用

$$A_s = \frac{\alpha_1 f_c b x - (\sigma'_{p0} - f'_{py}) A'_p - f_{py} A_p}{f_y}$$

$$= \frac{1 \times 19.1 \times 1\ 200 \times 143.88 - (1\ 185.75 - 390) \times 695 - 1\ 320 \times 2\ 502}{300} < 0$$

可见，仅预应力筋就可满足正截面受弯要求，所以受拉区和受压区的非预应力钢筋可按构造选取，取 $A_s=0.002A$，$A_s=1\ 035\ \text{mm}^2$，实配 3 Φ 14 + 3 Φ 16（$A_s=1\ 065\ \text{mm}^2$）；受压区按构造要求配置 8 Φ 14（$A'_s=1\ 232\ \text{mm}^2$）。截面配筋见图 10-6。

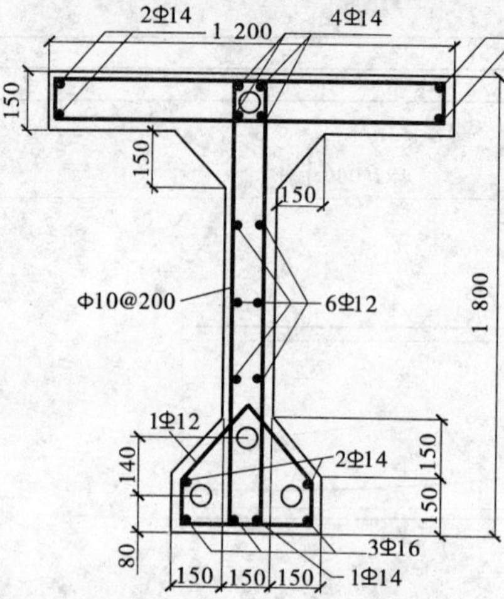

图 10-6　截面配筋图

根据实际配筋情况重新计算正截面承载力：

$$\alpha_1 f_c(b'_f-b)h'_f(h_0-0.5h'_f)+f_s{}'A'_s(h_0-a'_s)-(\sigma'_{p0}-f'_{py})A'_p$$
$$=1\times19.1\times(1\ 200-150)\times150\times(1\ 673-0.5\times150)+$$
$$300\times1\ 232\times(1\ 673-35)-(1\ 185.75-390)\times695$$
$$=5\ 412.04\times10^6(\text{N}\cdot\text{mm})=5\ 412.04\ \text{kN}\cdot\text{m}>M=4\ 369.97\ \text{kN}\cdot\text{m}$$

故属于第一类 T 形截面。

$$\alpha_s=\frac{M-[f_s{}'A'_s(h_0-a'_s)-(\sigma'_{p0}-f_{py}')A'_p(h_0-a'_p)]}{\alpha_1 f_c b'_f h_0^2}$$
$$=\{4\ 369.97\times10^6-[300\times1\ 232\times(1\ 673-35)-(1\ 185.75-390)\times695\times(1\ 673-80)]\}/$$
$$(1\times19.1\times1\ 200\times1\ 673^2)$$
$$=0.072$$

$$\xi=1-\sqrt{1-2\alpha_s}=1-\sqrt{1-2\times0.072}=0.075<\xi_b=0.44$$
$$x=\xi h_0=0.075\times1\ 673=125.48(\text{mm})$$

$$A_s=\frac{\alpha_1 f_c b'_f x+f_s{}'A'_s-f_{py}A_p-(\sigma'_{p0}-f_{py}')A'_p}{f_y}$$
$$=\frac{1\times19.1\times1\ 200\times125.48+300\times1\ 232-1\ 320\times2\ 502-(1\ 185.75-390)\times695}{300}$$
$$<0<1\ 065\ \text{mm}^2$$

故正截面承载力满足要求。

（6）预应力损失。

由于截面尺寸较大，孔道面积、预应力筋和非预应力筋面积所占比例很小，故不再精确计算净截面面积和换算截面面积、惯性矩，而直接采用前述毛截面的面积和惯性矩计算，其误差在2%左右，满足使用要求。

预留孔道采用预埋波纹管。

①锚具回缩损失。

设锚具内缩值 $a=5$ mm，则直线预应力筋（一端张拉）的锚具回缩损失为：

$$\sigma_{l1} = \frac{a}{l}E_p = \frac{5}{21\ 000} \times 1.95 \times 10^5 = 46.43(\text{N/mm}^2)$$

曲线预应力筋（一端张拉）的张拉端与跨中截面之间曲线部分的切线夹角为：

$$\theta = 4f/l = 4 \times 340/21\ 000 = 0.065(\text{rad})$$

曲率半径为：

$$r_c = l^2/8f = 21\ 000^2/(8 \times 340) = 162 \times 10^3(\text{mm}) = 162\ \text{m}$$

摩擦系数取 $\kappa=0.001\ 5$，$\mu=0.25$。回缩产生的反向摩擦损失影响长度为：

$$l_f = \sqrt{\frac{aE_p}{1\ 000\sigma_{con}(\frac{\mu}{r_c}+\kappa)}} = \sqrt{\frac{5 \times 1.95 \times 10^5}{1\ 000 \times 1\ 395 \times (\frac{0.25}{162} + 0.001\ 5)}} = 15.15(\text{m})$$

跨中截面（$x=10.5$ m）锚固回缩损失为：

$$\sigma_{l1} = 2\sigma_{con}l_f(\frac{\mu}{r_c}+\kappa)(1-\frac{x}{l_f})$$

$$= 2 \times 1\ 395 \times 15.15 \times (\frac{0.25}{162} + 0.001\ 5) \times (1 - \frac{10.5}{15.15}) = 39.48(\text{N/mm}^2)$$

②摩擦损失。

直线预应力筋：

$$\sigma_{l2} = \sigma_{con}\kappa x = 1\ 395 \times 0.001\ 5 \times 10.5 = 21.97(\text{N/mm}^2)$$

曲线预应力筋：

$$\sigma_{l2} = \sigma_{con}(\kappa x + \mu\theta) = 1\ 395 \times (0.001\ 5 \times 10.5 + 0.25 \times 0.065) = 44.64(\text{N/mm}^2)$$

所以，第Ⅰ批预应力损失：

直线预应力筋

$$\sigma_{l\text{I}} = \sigma_{l1} + \sigma_{l2} = 46.43 + 21.97 = 68.40(\text{N/mm}^2)$$

曲线预应力筋

$$\sigma_{l\text{I}} = \sigma_{l1} + \sigma_{l2} = 39.48 + 44.64 = 84.12(\text{N/mm}^2)$$

③预应力松弛损失。

当 $0.7f_{ptk} < \sigma_{con} \leqslant 0.8f_{ptk}$ 时，有：

$$\sigma_{l4} = 0.2(\frac{\sigma_{con}}{f_{ptk}} - 0.575)\sigma_{con} = 0.2 \times (0.75 - 0.575) \times 1\ 395 = 48.83(\text{N/mm}^2)$$

④收缩损失。

扣除第Ⅰ批损失后预应力筋的合力为：

$$N_{p\text{I}} = (5+12) \times 139 \times (1\ 395 - 68.40) + 6 \times 139 \times (1\ 395 - 84.12)$$

$$= 4\ 228.03 \times 10^3(\text{N}) = 4\ 228.03\ \text{kN}$$

受拉区预应力筋到截面形心的距离：

$$y_p = y - a_p = 1\,080 - 127 = 953(\text{mm})$$

受压区预应力筋到截面形心的距离：

$$y'_p = y' - a'_p = 720 - 80 = 640(\text{mm})$$

由于张拉后构件起拱，长期应力计算时也应计入构件自重的影响。

$$\rho = \frac{A_p + A_s}{A} = \frac{18 \times 139 + 1\,065}{517\,500} = 0.006\,9$$

$$\rho' = \frac{A'_p + A'_s}{A} = \frac{5 \times 139 + 1\,232}{517\,500} = 0.003\,7$$

$$\sigma_{pc\,\text{I}} = \frac{N_{p\,\text{I}}}{A} + \frac{N_{p\,\text{I}} e_p}{I} y_p - \frac{M_G}{I} y_p = \frac{4\,228.03 \times 10^3}{517\,500} + \frac{4\,228.03 \times 10^3 \times 555}{2.17 \times 10^{11}} \times 953 - \frac{679.75 \times 10^6}{2.17 \times 10^{11}} \times 953$$

$$= 8.17 + 10.31 - 2.98 = 15.5(\text{N/mm}^2)$$

$$\sigma'_{pc\,\text{I}} = \frac{N_{p\,\text{I}}}{A} - \frac{N_{p\,\text{I}} e_p}{I} y'_p + \frac{M_G}{I} y'_p = \frac{4\,228.03 \times 10^3}{517\,500} - \frac{4\,228.03 \times 10^3 \times 555}{2.17 \times 10^{11}} \times 640 + \frac{679.75 \times 10^6}{2.17 \times 10^{11}} \times 640 = 8.17 - 6.92 + 2.00 = 3.25(\text{N/mm}^2)$$

$$\sigma_{l5} = \frac{35 + 280\dfrac{\sigma_{pc\,\text{I}}}{f_{cu}}}{1 + 15\rho} = \frac{35 + 280 \times \dfrac{15.5}{40}}{1 + 15 \times 0.006\,9} = 130.04(\text{N/mm}^2)$$

$$\sigma'_{l5} = \frac{35 + 280\dfrac{\sigma'_{pc\,\text{I}}}{f_{cu}}}{1 + 15\rho'} = \frac{35 + 280 \times \dfrac{3.25}{40}}{1 + 15 \times 0.003\,7} = 54.71(\text{N/mm}^2)$$

总预应力损失为：

受拉区直线预应力筋：$\sigma_l = 68.4 + 48.83 + 130.04 = 247.27(\text{N/mm}^2) > 80\ \text{N/mm}^2$

受拉区曲线预应力筋：$\sigma_l = 84.12 + 48.83 + 130.04 = 262.99(\text{N/mm}^2) > 80\ \text{N/mm}^2$

受压区直线预应力筋：$\sigma_l = 68.4 + 48.83 + 54.71 = 171.94(\text{N/mm}^2) > 80\ \text{N/mm}^2$

(7)斜截面承载力计算：

$$V = 1.2 \times \frac{1}{2} g_k l_n + 1.4 \times \frac{1}{2} q_k l_n$$

$$= 1.2 \times \frac{1}{2} \times (49.5 + 12.94) \times 20.4 + 1.4 \times \frac{1}{2} \times 5.9 \times 20.4$$

$$= 848.52 \times 10^3(\text{N}) = 848.52\ \text{kN}$$

$$N_p = 5 \times 139 \times (1\,395 - 171.94) + 12 \times 139 \times (1\,395 - 247.27) + 6 \times 139 \times (1\,395 - 262.99) = 3\,708.54\ \text{kN} > 0.3 f_c A$$

$$= 0.3 \times 19.1 \times 5.175 \times 10^5 = 2\,965.3 \times 10^3(\text{N}) = 2\,965.3\ \text{kN}$$

$$V_p = 0.05 \times 0.3 f_c A = 0.05 \times 2\,965.3 = 148.27(\text{kN})$$

按受剪承载力计算公式，有：

$$V \leqslant 0.7 f_t b h_0 + 1.25 f_{yv} \frac{A_{sv}}{s} h_0 + V_p + 0.8 f_{py} A_{pb} \sin\theta$$

则 $\frac{A_{sv}}{s} \geqslant \frac{V - 0.7 f_t b h_0 - V_p - 0.8 f_{py} A_{pb} \sin\theta}{1.25 f_{yv} h_0}$

$$= \frac{848.52 \times 10^3 - 0.7 \times 1.71 \times 150 \times 1\,673 - 148.27 \times 10^3 - 0.8 \times 1\,320 \times 6 \times 139 \times 0.065}{1.25 \times 210 \times 1\,673}$$

$= 0.78$

取双肢Φ 10 的箍筋，$A_{sv} = 157\ \text{mm}^2$，$A_{sv}/s \geqslant 0.78$，$s \leqslant 201.28$ mm，取 $s = 200$ mm。

(8)抗裂验算。

①正截面抗裂验算。

跨中截面总有效预压力：

$$N_p = 5 \times 139 \times (1\,395 - 171.94) + 12 \times 139 \times (1\,395 - 247.27) + 6 \times 139 \times (1\,395 - 262.99) = 3\,708.54(\text{kN})$$

$$\sigma_{pc} = \frac{N_p}{A} + \frac{N_p e_p}{W} = \frac{3\,708.54 \times 10^3}{517\,500} + \frac{3\,708.54 \times 10^3 \times 555}{2.01 \times 10^8} = 7.17 + 10.24 = 17.41(\text{N/mm}^2)$$

$$\sigma_{ck} = \frac{M_k}{W} = \frac{3\,589.99 \times 10^6}{2.01 \times 10^8} = 17.86(\text{N/mm}^2) < \sigma_{pc} + f_{tk} = 17.41 + 2.39 = 19.8(\text{N/mm}^2)$$

正截面满足二级裂缝控制要求。

②斜截面抗裂验算：

斜截面受剪控制截面Ⅰ—Ⅰ的内力：

$$M_k = 3\,248.29\ \text{kN} \cdot \text{m},\ V_k = 649.23\ \text{kN}$$

斜截面抗裂验算一般需验算三点：腹板与上、下翼缘的交界处和截面形心处。这里仅验算截面形心处的抗裂。

在验算中应考虑Ⅰ—Ⅰ截面的预应力损失，损失计算过程与上述类似。尽管Ⅰ—Ⅰ截面的摩擦损失和收缩徐变损失小于Ⅱ—Ⅱ截面，但曲线预应力筋在Ⅰ—Ⅰ截面的锚固回缩损失大于Ⅱ—Ⅱ截面，故这里近似认为两截面的预应力损失相同。

预压力在Ⅰ—Ⅰ截面形心产生的预压应力为：

$$\sigma_{pc} = \frac{N_p}{A} = \frac{3\,708.54 \times 10^3}{517\,500} = 7.17(\text{N/mm}^2)$$

弯矩 M_k 在Ⅰ—Ⅰ截面形心处产生的正应力为0。

剪力 V_k 在Ⅰ—Ⅰ截面形心产生的剪应力按式(10-93)计算，其中对截面形心的一次面积矩为：

$$S_0 = 1\,200 \times 150 \times (1\,800 - 75 - 1\,080) + (720 - 150) \times 150 \times (720 - 150)/2 + 2 \times \frac{1}{2} \times 150 \times 150 \times (720 - 150 - 50)$$

$$= 1.52 \times 10^8(\text{mm}^3)$$

曲线预应力筋在Ⅰ—Ⅰ截面的倾角为：$\theta \approx (10.5 - 1)/r_c = 0.058\,6(\text{rad}) = 3.36°$，

$\sin\theta = 0.058\ 6$。

$$\tau = \frac{(V_k - \sum \sigma_p A_{pb} \sin\theta) S_0}{b I_0}$$
$$= \frac{[649.23 \times 10^3 - (1\ 395 - 6 \times 139 \times 0.058\ 6)] \times 1.52 \times 10^8}{150 \times 2.17 \times 10^{11}}$$
$$= 3.03 (\mathrm{N/mm^2})$$

$$\left.\begin{matrix}\sigma_{tp} \\ \sigma_{cp}\end{matrix}\right\} = \frac{\sigma_x}{2} \pm \sqrt{\left(\frac{\sigma_x}{2}\right)^2 + \tau^2} = -\frac{7.17}{2} \pm \sqrt{\left(\frac{7.17}{2}\right)^2 + 3.03^2}$$
$$= \begin{cases} 1.11 < 0.95 f_{tk} = 2.27 \\ -8.28 > -0.6 f_{ck} = -16.08 \end{cases} (\mathrm{N/mm^2})$$

满足要求。

③挠度验算。

裂缝控制等级为二级，属于不出现裂缝的构件。

$B_s = 0.85 E_c I_0 = 0.85 \times 3.25 \times 10^4 \times 2.17 \times 10^{11} = 5.99 \times 10^{15} (\mathrm{N \cdot mm^2})$

对于预应力构件 $\theta = 2.0$，$M_k = 3\ 589.99\ \mathrm{kN \cdot m}$，$M_q = 3\ 466.01\ \mathrm{kN \cdot m}$。

$$B = \frac{M_k}{M_q(\theta - 1) + M_k} B_s = \frac{3\ 589.99}{3\ 466.01 \times (2 - 1) + 3\ 589.99} \times 5.99 \times 10^{15}$$
$$= 3.05 \times 10^{15} (\mathrm{N \cdot mm^2})$$

荷载作用下的挠度：

$$a_{f1} = \frac{5}{48} \frac{M_k l_0^2}{B} = \frac{5}{48} \times \frac{3\ 589.99 \times 10^6 \times 20.5^2 \times 10^6}{3.05 \times 10^{15}} = 51.53 (\mathrm{mm})$$

$$N_{p\text{II}} = (\sigma_{con} - \sigma_l) A_p + (\sigma'_{con} - \sigma'_l) A'_p - \sigma_{l5} A_s - \sigma'_{l5} A'_s$$
$$= 12 \times 139 \times (1\ 395 - 247.27) + 6 \times 139 \times (1\ 395 - 262.99) +$$
$$5 \times 139 \times (1\ 395 - 171.94) - 130.04 \times 1\ 065 - 54.71 \times 1\ 232$$
$$= 3\ 502.64 (\mathrm{kN})$$

$$e_{p\text{II}} = \frac{(\sigma_{con} - \sigma_{l\text{I}}) A_p y_{pn} - (\sigma'_{con} - \sigma'_{l\text{I}}) A'_p y'_{pn} - \sigma_{l5} A_s y_{sn} + \sigma'_{l5} A'_s y'_{sn}}{N_{p\text{II}}}$$
$$= \frac{(1\ 395 - 68.4) \times 12 \times 139 \times (1\ 080 - 80) + (1\ 395 - 84.12) \times 6 \times 139 \times (1\ 080 - 220)}{3\ 502.64 \times 10^3} -$$
$$\frac{(1\ 395 - 68.4) \times 5 \times 139 \times (720 - 80) - 130.04 \times 1\ 065 \times (1\ 080 - 35) + 54.71 \times 1\ 232 \times (720 - 35)}{3\ 502.64 \times 10^3}$$
$$= 703.57 (\mathrm{mm})$$

预应力反拱：$B = E_c I_0 = 3.25 \times 10^4 \times 2.17 \times 10^{11} = 7.05 \times 10^{15} (\mathrm{N \cdot mm^2})$

$$a_{f2} = \frac{N_{p\text{II}} e_{p\text{II}} l_0^2}{8B} = \frac{3\ 502.64 \times 10^3 \times 703.57 \times 20.5^2 \times 10^6}{8 \times 7.05 \times 10^{15}} = 18.36 (\mathrm{mm})$$

总挠度为：

$$a_f = a_{f1} - a_{f2} = 51.53 - 18.36 = 33.17 (\mathrm{mm}) < \frac{l_0}{400} = 51.25\ \mathrm{mm}$$

满足要求。

(9)局部承压验算。

这里只作抛物线筋在端部的局部承压验算,直线预应力筋在端部的局部承压验算可同理进行。抛物线筋端部锚固区细部尺寸如图 10-7 所示,钢垫板厚度为 25 mm,A_l 为外径尺寸近似取为钢垫板的大小,即:

$$A_l = 150 \times 150 = 22\ 500(\mathrm{mm}^2)$$

$$A_{ln} = 150 \times 150 - \frac{\pi \times 55^2}{4} = 20\ 124.2(\mathrm{mm}^2)$$

$$A_b = 450 \times 450 = 202\ 500(\mathrm{mm}^2)$$

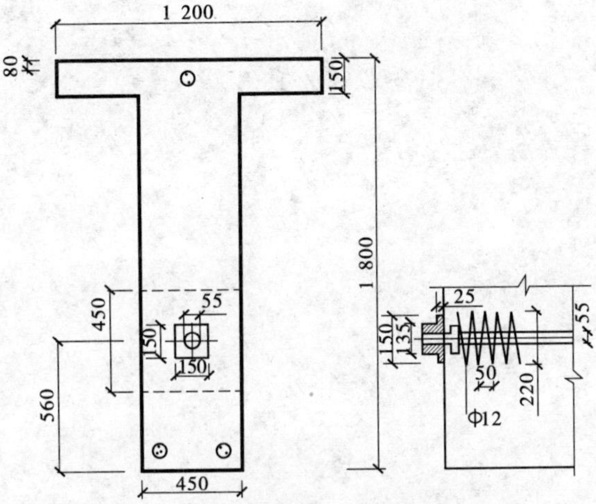

图 10-7　抛物线筋端锚固区构造图

提高系数:

$$\beta_l = \sqrt{\frac{A_b}{A_l}} = \sqrt{\frac{202\ 500}{22\ 500}} = 3$$

锚固区的作用力:

$$F_l = 1.2\sigma_{con}A_p = 1.2 \times 1\ 395 \times 6 \times 139 = 1\ 396 \times 10^3(\mathrm{N}) = 1\ 396\ \mathrm{kN}$$

验算截面尺寸:

$$1.35\beta_c\beta_l f_c A_{ln} = 1.35 \times 1.0 \times 3 \times 19.1 \times 20\ 124.2 = 1\ 556.71(\mathrm{kN}) > F_l$$

故满足要求。

端部钢筋截面尺寸合适,应配置间接钢筋。设间接钢筋采用 HPB235 级Φ 12 螺旋筋($A_{ss1}=113.1\ \mathrm{mm}^2$),取 $d_{cor}=220$ mm,螺距 $s=50$ mm,则 $A_{cor}=38\ 013\ \mathrm{mm}^2$,从而体积配筋率为:

$$\rho_v = \frac{4A_{ss1}}{d_{cor}s} = \frac{4 \times 113.1}{220 \times 50} = 0.041$$

提高系数:

$$\beta_{cor} = \sqrt{\frac{A_{cor}}{A_l}} = \sqrt{\frac{38\ 013}{22\ 500}} = 1.3$$

由公式计算局部受压极限承载力为：

$$F_{lu} = 0.9(\beta_c \beta_l f_c + \alpha_{sp} \rho_v \beta_{cor} f_y) A_{ln}$$

$$= 0.9 \times (1.0 \times 3 \times 19.1 + 2.0 \times 0.041 \times 1.3 \times 210) \times 20\ 124.2$$

$$= 1\ 443.3 \times 10^3 (\mathrm{N}) = 1\ 443.3\ \mathrm{kN} > F_l = 1\ 312\ \mathrm{kN}$$

满足要求。

附 录

附表 1 普通钢筋强度标准值

（单位：N/mm²）

种类		符号	d(mm)	f_{yk}
热轧钢筋	HPB235(Q235)	Φ	8~20	235
	HRB335(20MnSi)	Φ	6~50	335
	HRB400(20MnSiV、20MnTi、20MnSiNb)	Φ	6~50	400
	RRB400(K20MnSi)	Φ^{R}	8~40	

附表 2 预应力钢筋强度标准值

（单位：N/mm²）

种类		符号	d(mm)	f_{ptk}
钢绞线	1×3	Φ^{S}	8.6,10.8	1 860,1 720,1 570
			12.9	1 720,1 570
	1×7		9.5,11.1,12.7	1 860,1 720
			15.2	1 860
消除应力钢丝	光面 螺旋筋	Φ^{P} Φ^{H}	4,5	1 770,1 670,1 570
			6	1 670,1 570
			7,8,9	1 570
	刻痕钢丝	Φ^{I}	5,7	1 570
热处理钢筋	40Si2Mn	Φ^{HT}	6	1 470
	48Si2Mn		8.2	
	45Si2Cr		10	

注：钢绞线直径 d 是指钢绞线截面处的接圆直径，即公称直径。

附表 3 钢筋弹性模量

（单位：N/mm²）

种类	E_s
HPB235 级钢筋	2.1×10^{5}
HRB335 级钢筋、HRB400 级钢筋、RRB400 级钢筋、热处理钢筋	2.0×10^{5}
消除应力钢丝(光面钢丝、螺旋肋钢丝、刻痕钢丝)	2.05×10^{5}
钢绞线	1.95×10^{5}

附表 4　普通钢筋强度设计值　　（单位：N/mm^2）

种类		符号	f_y	f_y'
热轧钢筋	HPB235（Q235）	Φ	210	210
	HRB335（20MnSi）	Φ	300	300
	HRB400（20MnSiV，20MnTi，20MnSiNb）	Φ	360	360
	RRB400（K20MnSi）	Φ^{R}		

注：在钢筋混凝土结构中，轴心受拉和小偏心受拉构件的钢筋强度设计值大于 300 N/mm^2 时，仍应按 300 N/mm^2 取用。

附表 5　预应力钢筋强度设计值　　（单位：N/mm^2）

种类		符号	f_{prk}	f_{py}	f_{py}'
钢绞线	1×3	Φ^{S}	1 860	1 320	390
			1 720	1 220	
			1 570	1 110	
	1×7		1 860	1 320	
			1 720	1 220	
消除应力钢丝	光面 螺旋筋	Φ^{P} Φ^{H}	1 770	1 250	410
			1 670	1 180	
			1 570	1 110	
	刻痕钢丝	Φ^{I}	1 570	1 110	
热处理钢筋	40Si2Mn	Φ^{HT}	1 470	1 040	400
	48Si2Mn				
	45Si2Cr				

注：当预应力钢丝、钢绞线的强度标准值不符合附表 2 的规定时，其强度设计值应进行换算。

附表 6　混凝土强度标准值　　（单位：N/mm^2）

强度种类	符号	混凝土强度等级													
		C15	C20	C25	C30	C35	C40	C45	C50	C55	C60	C65	C70	C75	C80
轴心抗压	f_{ck}	10.0	13.4	16.7	20.1	23.4	26.8	29.6	32.4	35.5	38.5	41.5	44.5	47.4	50.2
轴心抗拉	f_{tk}	1.27	1.54	1.78	2.01	2.20	2.39	2.51	2.64	2.74	2.85	2.93	2.99	3.05	3.11

附表 7　混凝土强度设计值　　（单位：N/mm^2）

强度种类	符号	混凝土强度等级													
		C15	C20	C25	C30	C35	C40	C45	C50	C55	C60	C65	C70	C75	C80
轴心抗压	f_c	7.2	9.6	11.9	14.3	16.7	19.1	21.1	23.1	25.3	27.5	29.7	31.8	33.8	35.9
轴心抗拉	f_t	0.91	1.10	1.27	1.43	1.57	1.71	1.80	1.89	1.96	2.04	2.09	2.14	2.18	2.22

注：1. 计算现浇的钢筋混凝土轴心受压及偏心受压构件时，如截面的长边或直径小于 300 mm，则表中混凝土强度设计值应乘以系数 0.8；当构件质量（如混凝土成型、截面和轴线尺寸等）确有保证时，可不受此限制。

2. 离心成型混凝土的强度设计值应按有关专门规定取用。

附表 8　混凝土弹性模量 E_c

混凝土强度等级	C15	C20	C25	C30	C35	C40	C45	C50	C55	C60	C65	C70	C75	C80
E_c（$\times 10^4 N/mm^2$）	2.20	2.55	2.80	3.00	3.15	3.25	3.35	3.45	3.55	3.60	3.65	3.70	3.75	3.80

附表 9　混凝土结构的环境类别

环境类别		条件
一		室内正常环境
二	a	室内潮湿环境，非严寒和非寒冷地区的露天环境，与无侵蚀性的水或土壤直接接触的环境
	b	严寒和寒冷地区的露天环境、与无侵蚀性的水或土壤直接接触的环境
三		使用除冰盐的环境，严寒和寒冷地区冬季水位变动的环境，滨海室外环境
四		海水环境
五		受人为或自然的侵蚀性物质影响的环境

注：严寒和寒冷地区的划分应符合国家现行标准《民用建筑热工设计规范》JGJ 24 的规定。

附表 10　纵向受力钢筋的混凝土保护层最小厚度　　（单位：mm）

环境类别		板、墙、壳			梁			柱		
		≤C20	C25～C45	≥C50	≤C20	C25～C45	≥C50	≤C20	C25～C45	≥C50
一		20	15		30	25		30	30	
二	a	—	20	20	—	30	30	—	30	30
	b	—	25	20	—	35	30	—	35	30
三		—	30	30	—	40	35	—	40	35

注：1. 基础中纵向受力钢筋的保护层厚度，当有垫层时不应小于 40 mm；当无垫层时不应小于 70 mm。

2. 处于一类环境且工厂生产的预制构件，当混凝土强度等级不低于 C20 时，其保护层厚度可按表中数值减小 5 mm。但预制构件中的预应力钢筋的保护层厚度不应小于 15 mm；处于二类环境的预制构件，当表面另做水泥砂浆抹面层且有质量保证措施时，保护层厚度可按表中一类环境数值采用。

3. 预制钢筋混凝土受弯构件钢筋端头的保护层厚度不应小于 10 mm，预制肋形板主肋钢筋的保护层厚度应按梁考虑。

4. 板、墙、壳中分布钢筋的保护层厚度不应小于表中数值减 10 mm，梁、柱中箍筋和构造钢筋的保护层厚度不应小于 15 mm。

5. 当梁、柱中纵向受力钢筋的混凝土保护层厚度大于 40 mm 时，应对保护层采取有效的防裂构造措施。

6. 有防火要求的建筑物，处于四、五类环境中的建筑物，其保护层厚度尚应符合国家现行有关标准的要求。

附表 11　截面抵抗矩塑性系数 γ_m

项次	截面形状		γ_m
1	矩形截面		1.55
2	翼缘位于受压区的 T 形截面		1.50
3	对称工字形或箱形截面	$b_f/b \leqslant 2$，h_f/h 为任意值	1.45
		$b_f/b > 2$，$h_f/h \geqslant 0.2$	1.40
		$b_f/b > 2$，$h_f/h < 0.2$	1.35
4	翼缘位于受拉区的 T 形截面	$b_f/b \leqslant 2$，h_f/h 为任意值	1.50
		$b_f/b > 2$，$h_f/h \geqslant 0.2$	1.55
		$b_f/b > 2$，$h_f/h < 0.2$	1.40
5	圆形和环形截面		$1.6 - 0.24r_1/r$

注：1. 对于 $b'_f > b_f$ 的工字形截面，可按项次 2 与项次 3 之间的数值采用；对于 $b'_f < b_f$ 的工字形截面，可按项次 3 与项次 4 之间的数值采用。

2. 根据 h 值的不同，表内数值尚应乘以修正系数 $0.7 + \frac{120}{h}$，式中，h 以 mm 计，当 $h < 400$ mm 时，取 $h = 400$ mm，当 $h > 1\ 600$ mm 时，取 $h = 1\ 600$ mm，对圆形和球形截面，$h = 2r$，r 为圆形截面半径或环形截面的外环半径。

3. 对于箱形截面，表中 b 值是指各肋宽度的总和。

4. r_1 为环形截面的内环半径，对于圆形截面取 r_1 为零。

附表 12　结构构件的裂缝控制等级和最大裂缝宽度限值

环境类别	钢筋混凝土结构		预应力混凝土结构	
	裂缝控制等级	$w_{\lim}$（mm）	裂缝控制等级	$w_{\lim}$（mm）
一	三	0.3（0.4）	三	0.2
二	三	0.2	二	—
三	三	0.2	一	—

注：1. 对处于年平均相对湿度小于 60% 地区一类环境下的受弯构件，其最大裂缝宽度限值可采用括号内的数值。

2. 在一类环境中，对钢筋混凝土屋架、托架及需作疲劳验算的吊车梁，其最大裂缝宽度限值应取为 0.2 mm；对钢筋混凝土屋面梁和托梁，其最大裂缝宽度限值应取为 0.3 mm。

3. 在一类环境下，对预应力混凝土屋面梁、托梁、屋架、托架、屋面板和楼板，应按二级裂缝控制等级验算。

4. 对于烟囱、筒仓和处于液体压力下的结构构件，其裂缝控制要求应符合专门标准的有关规定。

5. 对处于四、五类环境下的结构构件，其裂缝控制要求应符合专门标准的有关规定。

附表 13　受弯构件的挠度限值

构件类别	挠度限值(以计算跨度 l_0 计算)
吊车梁:手动吊车	$l_0/500$
电动吊车	$l_0/600$
屋盖、楼盖及楼梯构件:	
当 $l_0<7$ m 时	$l_0/200(l_0/250)$
当 7 m$\leqslant l_0\leqslant$9 m	$l_0/250(l_0/300)$
当 $l_0>9$ m 时	$l_0/300(l_0/400)$

注:1. 如果构件制作时预先起拱,且使用上也允许,则在验算挠度时,可将计算所得的挠度减去起拱值;对于预应力混凝土构件尚可减去预加应力所产生的反拱值。

2. 悬臂构件的挠度限值按表中相应数值乘以系数 2.0 取用。

3. 表中括号内的数值适用于使用上对挠度有较高要求的构件。

附表 14　纵向受拉钢筋的最小配筋率 ρ_{min}　(%)

受力类型		最小配筋百分率
受压构件	全部纵向钢筋	0.6
	一侧纵向钢筋	0.2
受弯构件、偏心受拉、轴心受拉构件一侧的受拉钢筋		0.2 和 $45f_t/f_y$ 中的较大值

注:1. 受压构件全部纵向钢筋最小配筋百分率,当采用 HRB400 级、RRB400 级钢筋时,应按表中规定减小 0.1;当混凝土强度等级为 C60 及以上时,应按表中规定增大 0.1。

2. 偏心受拉构件中的受压钢筋,应按受压构件一侧纵向钢筋考虑。

3. 受压构件的全部纵向钢筋和一侧纵向钢筋的配筋率以及轴心受拉构件和小偏心受拉构件一侧受拉钢筋的配筋率应按构件的全截面面积计算;受弯构件、大偏心受拉构件一侧受拉钢筋的配筋率应按全截面面积扣除受压翼缘面积$(b'_f-b)h'_f$后的截面面积计算。

4. 当钢筋沿构件截面周边布置时,"一侧纵向钢筋"是指沿受力方向两个对边中的一边布置的纵向钢筋。

附表 15　钢筋混凝土矩形截面受弯构件正截面承载力计算系数表

ξ	γ_s	α_s	ξ	γ_s	α_s
0.01	0.995	0.010	0.32	0.840	0.269
0.02	0.990	0.020	0.33	0.835	0.275
0.03	0.985	0.030	0.34	0.830	0.282
0.04	0.980	0.039	0.35	0.825	0.289
0.05	0.975	0.048	0.36	0.820	0.295

续附表 15

ξ	γ_s	α_s	ξ	γ_s	α_s
0.06	0.970	0.058	0.37	0.815	0.301
0.07	0.965	0.067	0.38	0.810	0.309
0.08	0.960	0.077	0.39	0.805	0.314
0.09	0.955	0.085	0.40	0.800	0.320
0.10	0.950	0.095	0.41	0.795	0.326
0.11	0.945	0.104	0.42	0.790	0.332
0.12	0.940	0.113	0.43	0.785	0.337
0.13	0.935	0.121	0.44	0.780	0.343
0.14	0.930	0.130	0.45	0.775	0.349
0.15	0.925	0.139	0.46	0.770	0.354
0.16	0.920	0.147	0.47	0.765	0.359
0.17	0.915	0.155	0.48	0.760	0.365
0.18	0.910	0.164	0.49	0.755	0.370
0.19	0.905	0.172	0.50	0.750	0.375
0.20	0.900	0.180	0.51	0.745	0.380
0.21	0.895	0.188	0.52	0.740	0.385
0.22	0.890	0.196	0.53	0.735	0.390
0.23	0.885	0.203	0.54	0.730	0.394
0.24	0.880	0.211	0.55	0.725	0.400
0.25	0.875	0.219	0.56	0.720	0.403
0.26	0.870	0.226	0.57	0.715	0.408
0.27	0.865	0.234	0.58	0.710	0.412
0.28	0.860	0.241	0.59	0.705	0.416
0.29	0.855	0.248	0.60	0.700	0.420
0.30	0.850	0.255	0.61	0.695	0.424
0.31	0.845	0.262	0.62	0.690	0.428

附表 16 钢筋的计算截面面积及公称质量表

直径 d (mm)	根数为下列数值时钢筋的计算截面面积(mm^2)									单根钢筋公称质量 (kg/m)
	1	2	3	4	5	6	7	8	9	
3	7.1	14.1	21.2	28.3	35.3	42.4	49.5	56.5	63.6	0.055
4	12.6	25.1	37.7	50.3	62.8	75.4	88.0	100.5	113.1	0.099
5	19.6	39	59	79	98	118	137	157	177	0.154
6	28.6	57	85	113	141	170	198	226	254	0.222
6.5	33.2	66	100	133	166	199	232	265	299	0.260
8	50.3	101	151	201	251	302	352	402	452	0.395
8.2	52.8	106	158	211	264	317	370	422	475	0.432
10	78.5	157	236	314	393	471	550	628	707	0.617
12	113.1	226	339	452	565	679	792	904	1 018	0.888
14	153.9	308	462	616	770	924	1 078	1 232	1 385	1.210
16	201.1	402	603	804	1 005	1 206	1 407	1 608	1 810	1.580
18	254.5	509	763	1 018	1 272	1 527	1 781	2 036	2 290	2.000
20	314.2	628	942	1 257	1 571	1 885	2 199	2 513	2 827	2.470
22	380.1	760	1 140	1 521	1 901	2 281	2 661	3 041	3 421	2.980
25	490.9	982	1 473	1 964	2 454	2 945	3 436	3 927	4 418	3.850
28	615.8	1 232	1 847	2 463	3 079	3 695	4 310	4 926	5 542	4.830
32	804.2	1 608	2 413	3 217	4 021	4 826	5 630	6 434	7 238	6.310
36	1 017.9	2 036	3 054	4 072	5 089	6 107	7 125	8 143	9 161	7.990
40	1 256.6	2 513	3 770	5 027	6 283	7 540	8 796	10 053	11 310	9.870

附表 17　各种钢筋间距时每米板宽中的钢筋截面面积

钢筋间距(mm)	钢筋直径(mm)为下列数值时的钢筋截面面积(mm^2)															
	6	6/8	8	8/10	10	10/12	12	12/14	14	14/16	16	16/18	18	20	22	25
70	404	561	718	920	1 122	1 369	1 616	1 907	2 199	2 536	2 872	3 354	3 635	4 488	5 430	7 012
75	377	524	670	859	1 047	1 278	1 508	1 780	2 053	2 367	2 681	3 037	3 393	4 189	5 068	6 545
80	353	491	628	805	982	1 198	1 414	1 669	1 924	2 218	2 513	2 847	3 181	3 927	4 752	6 136
85	333	462	591	758	924	1 127	1 331	1 571	1 811	2 088	2 365	2 680	2 994	3 696	4 472	5 775
90	314	436	559	716	873	1 065	1 257	1 484	1 710	1 972	2 234	2 531	2 827	3 491	4 224	5 454
95	298	413	529	678	827	1 009	1 190	1 405	1 620	1 886	2 116	2 398	2 679	3 307	4 001	5 167
100	283	393	503	644	785	958	1 131	1 335	1 539	1 775	2 011	2 278	2 545	3 142	3 801	4 909
110	257	357	457	585	714	871	1 028	1 214	1 399	1 614	1 828	2 071	2 313	2 856	3 456	4 462
120	236	327	419	537	654	798	942	1 113	1 283	1 480	1 676	1 899	2 121	2 618	3 168	4 091
125	226	314	402	515	628	767	905	1 068	1 232	1 420	1 608	1 822	2 036	2 513	3 041	3 927
130	217	302	387	495	604	737	870	1 027	1 184	1 366	1 547	1 752	1 957	2 417	2 924	3 776
140	202	280	359	460	561	684	808	954	1 100	1 268	1 436	1 627	1 818	2 244	2 715	3 506
150	188	262	335	429	524	639	754	890	1 026	1 183	1 340	1 518	1 696	2 094	2 534	3 272
160	177	245	314	403	491	599	707	834	962	1 110	1 257	1 424	1 590	1 963	2 376	3 068
170	166	231	296	379	462	564	665	785	906	1 044	1 183	1 340	1 497	1 848	2 236	2 887
180	157	218	279	358	436	532	628	742	855	985	1 117	1 266	1 414	1 745	2 112	2 727
190	149	207	265	339	413	504	595	703	810	934	1 058	1 199	1 339	1 653	2 001	2 584
200	141	196	251	322	393	479	565	668	770	888	1 005	1 139	1 272	1 571	1 901	2 454
220	129	178	228	293	357	436	514	607	700	807	914	1 036	1 157	1 428	1 728	2 231
240	118	164	209	268	327	399	471	556	641	740	838	949	1 060	1 309	1 584	2 045
250	113	157	201	258	314	383	452	534	616	710	804	911	1 018	1 257	1 521	1 963
260	109	151	193	248	302	369	435	514	592	682	773	858	979	1 208	1 462	1 888
280	101	140	180	230	280	342	404	477	550	634	718	814	909	1 122	1 358	1 753
300	94	131	168	215	262	319	377	445	513	592	670	759	848	1 047	1 267	1 636
320	88	123	157	201	245	299	353	417	481	554	630	713	795	982	1 188	1 534
330	86	119	152	195	238	290	343	405	466	538	609	690	771	952	1 152	1 487

注:表中钢筋直径有写成分式的,如6/18 是指Φ 6、Φ 8 钢筋间隔配置。

附表 18　钢丝的公称直径、截面面积及理论质量

公称直径 d（mm）	公称截面面积（mm^2）	公称质量（kg/m）
4.0	12.57	0.099
5.0	19.63	0.154
6.0	28.27	0.222
7.0	38.48	0.302
8.0	50.26	0.394
9.0	63.62	0.499

附表 19　钢绞线的公称直径、截面面积及理论质量

钢绞线规格	公称直径 d（mm）	公称截面面积（mm^2）	公称质量（kg/m）
1×3	8.6	37.4	0.295
	10.8	59.3	0.465
	12.9	85.4	0.671
1×7 标准型	9.5	54.8	0.432
	11.1	74.2	0.580
	12.7	98.7	0.774
	15.2	139.0	1.110

参 考 文 献

[1] 中华人民共和国建设部,国家质量监督检验检疫总局. GB 50068—2001 建筑结构可靠度设计统一标准[S]. 北京:中国建筑工业出版社,2001.

[2] 中华人民共和国建设部,国家质量监督检验检疫总局. GB 50010—2002 混凝土结构设计规范[S]. 北京:中国建筑工业出版社,2002.

[3] 中华人民共和国建设部,国家质量监督检验检疫总局. GB 50009—2001 建筑结构荷载规范[S]. 北京:中国建筑工业出版社,2001.

[4] 赵顺波,许成祥,周新刚. 混凝土结构设计原理[M]. 上海:同济大学出版社,2004.

[5] 叶列平. 混凝土结构[M]. 2 版. 北京:清华大学出版社,2005.

[6] 沈蒲生. 混凝土结构设计原理[M]. 北京:高等教育出版社,2002.

[7] 王铁成. 混凝土结构原理[M]. 3 版. 天津:天津大学出版社,2002.

[8] 梁兴文,王社良,李晓文. 混凝土结构设计原理[M]. 北京:科学出版社,2003.

[9] 过镇海. 钢筋混凝土原理和分析[M]. 北京:清华大学出版社,2003.